U0816357

中华孝史 第五卷

现代孝道

侯书议 主编

陕西新华出版传媒集团
陕西科学技术出版社
—— 西安 ——

图书在版编目（CIP）数据

现代孝道/侯书议主编．一西安：陕西科学技术出版社，2021.3

（中华孝史）

ISBN 978-7-5369-7973-4

Ⅰ．①现… Ⅱ．①侯… Ⅲ．①孝－文化研究－中国Ⅳ．①B823.1

中国版本图书馆CIP数据核字（2020）第238088号

中华孝史（第五卷）——现代孝道

侯书议　主编

出 版 人　崔　斌

策划编辑　李　栋

责任编辑　赵文欣

封面设计　赵晨皓

出版者　陕西新华出版传媒集团　陕西科学技术出版社

西安市曲江新区登高路1388号陕西新华出版传媒产业大夏B座

电话（029）81205187　传真（029）81205155　邮编 710061

http://www.snstp.com

发行者　陕西新华出版传媒集团　陕西科学技术出版社

电话（029）81205180　81206809

印　刷　陕西金和印务有限公司

规　格　720mm×1000mm　1/16

印　张　10

字　数　86千

版　次　2021年3月第1版

印　次　2021年3月第1次印刷

书　号　ISBN 978-7-5369-7973-4

定　价　58.00元

目 录

第四　现代孝道

第一　孝道的断层

本篇主要讲述了近代以来，在东西方文化的冲突下，传统孝道文化的断层。在法理革新派与传统礼教派的“礼法之争”中，传统礼教派“失守城池”，标志着“以孝治国”的没落与终结。

历史的追思

晚清时期，中国社会、政治、经济、文化等处于“山雨欲来风满楼”的飘摇时代。彼时，“西学东渐”和“中体西用”的思潮影响并左右着中国的命运和前途。

所谓“西学东渐”，通常指出现于明末清初至晚清民初时期，并以意大利人利玛窦来华为标志。西学东渐主要指西方的哲学、天文、物理、化学、医学、生物学、

《利玛窦（左）与徐光启（右）》画像

利玛窦，意大利天主教耶稣会传教士、学者，著有《坤舆万国全图》。徐光启，明代著名科学家、政治家，译有《几何原本》《泰西水法》。据《明史·徐光启传》记载：“从西洋人利玛窦学天文、历算、火器，尽其术。遂遍习兵机、屯田、盐策、水利诸书。”

地理、政治学、社会学、经济学、法学、应用科技、史学、文学、艺术等大量传入中国，对于中国的学术、思想、政治、社会、经济等产生了重大影响。

其中，意大利传教士艾儒略（Giulio Aleni，1582—1649，字思及；1610 年来华，在澳门神学院讲授数学）于 1623 年在其所著《职方外纪》一书中，曾对欧洲诸国的学校制度做了介绍，但遗憾的是未曾受到政府的重视。比如试图重振大清王朝的咸丰帝（爱新觉罗·奕詝，1831—1861，在位 11 年，年号咸丰）时期，虽任用改革派官员革新弊政，但依然未能"睁眼看世界"，在教育上依然遵循传统的"以孝治国"方略，在科举考试上增设《孝经》一科。

据清代著名学者陈澧在其著作《东塾读书记》一书中记载：

续汉书百官志，司隶校尉假佐二十五人。《孝经》师主监试经，诸州与司隶同，此东汉之制也。咸丰中有旨令岁科试增《孝经》论。正合东汉之制，若天下督学及府州县试士，以此为重，则天下皆诵《孝经》，如东汉时矣。

大意是，咸丰时期，天下读书之人掀起一股读《孝经》的风潮，好像回到了"天下皆诵《孝经》，如东汉时矣"

的景况。事实上，咸丰帝本人也曾有一则与孝有关的故事，同时，也是他继承皇位的主要原因。据题名小横香室主人（其生平、姓氏、里居已不可确考）所撰《清朝野史大观·文宗得储位之异词》记载：

皇四子之师傅为杜受田，皇六子之师傅为卓秉恬。道光之季，宣宗（即清宣宗爱新觉罗·旻宁，年号道光）衰病。一日召二皇子入对，将藉以决定储位。二皇子各请命于其师，卓教恭王，以上如有所垂询，当知无不言，言无不尽。杜则谓咸丰帝曰："阿哥如条陈时政，智识万不敌六爷。唯有一策，皇上若自言老病，将不久于此位，阿哥惟伏地流涕，以表孺慕之诚而已。"如其言，帝大悦，谓皇四子仁孝，储位遂定。

这是咸丰帝得到帝位的原因所在——因为其惟"伏地流涕，以表孺慕之诚"。咸丰帝什么话也不说，仅以哭泣（哀伤）表达其孝心和忠心。

咸丰帝之后，洋务运动兴起。张之洞在《劝学篇》中倡导的"中体西用"思潮大行其世。所谓"中体西用"，即"中学为体，西学为用"，通俗地讲，即以中国儒家学说（指以三纲八目即明德、亲民、止至善；格物、致知、诚意、正心、修身、齐家、治国、平天下为核心的儒家学说）为基本，西方社会科学（指近代传入中国的自然科学和

1902年（清光绪二十八年）12月17日，京师大学堂开学留影。京师大学堂创办于1898年（清光绪二十四年）7月3日，戊戌变法产物之一，北京大学前身。京师大学堂因1900年义和团运动爆发被迫停办。直到1902年才恢复办学，光绪帝任命张百熙为管学大臣。这一年，张百熙初步制订了《奏议京师大学堂章程》，光绪帝钦准颁行，故名《钦定京师大学堂章程》，1902年为壬寅年，所以又叫《壬寅学制》。1903年，由张百熙、荣庆、张之洞等人在《壬寅学制》基础上增订了章程，准备推广到全国范围内的初等教育、中等教育、高等教育领域，故省去京师大学堂，改为泛称《奏定学堂章程》，1903年为癸卯年，故又称《癸卯学制》。

商务、教育、外贸、万国公法等）等为实用。

1898 年，戊戌变法，废科举，兴学堂。

1903 年（清光绪二十九年），被誉为近代教育改革的先驱者、恢复和改革京师大学堂的张百熙，蒙古正黄旗人、支持革故布新的荣庆，以及晚清重臣、洋务派代表人物张之洞等人，在奏请颁行的《奏定学堂章程・学务纲要》（又称《癸卯学制》）中，却坚守传统礼教：

京外各学堂《学堂章程》以忠孝为敷教之本，以礼法为训俗之方，以练习艺能为致用治生之具。

中小学堂宜注重读经以存圣教。外国学堂有宗教一门，中国之经书，即是中国之宗教。若学堂不读经书，则是尧、舜、禹、汤、文、武、周公、孔子之道，所谓三纲五常者尽行废绝，中国必不能立国矣。学失其本则无学，政失其本则无政。其本既失，则爱国爱类之心亦随之改易矣，安有富强之望乎？故学生将来所执何业，在学堂时经书必宜诵读讲解，各学堂所读有多少，所讲有浅深，并非强归一源。

中学堂毕业，皆已读过《孝经》《四书》《易》《书》《诗》《左传》，及《礼记》《周礼》《仪礼》节本，共计读过十经（《四书》内有《论语》《孟子》两经），并通大义。

保留传统经书为必读书目，按照张之洞等人的想法，除维护“三纲五常”之外，是“西国最重保存古学”，中国也应该如此，而“古学最可宝者无过经书”，所以要存古文、存古学、存经籍、存传统，不能全面西化，也不“妨碍西学”。1904 年（清光绪三十年），《重定学堂章程折》重点说明了这个问题：“至于立学宗旨，无论何等学堂，均以忠孝为本，以经史之学为基，俾学生心术一归于纯正，而后以西学论其知识，练其艺能，务期他日成材，各适实用，以仰国家造就通才，慎防流弊之意。”

在今日来看，这一道理具有辩证的思维，或者说过激的全面舍弃、否定中国传统文化也不可取。如果上升到法理层面就不一样了，毕竟国家法典和传统文化的普及教育是两个层面的事，法律的归法律，教化的归教化。

沈家本（1840—1913），字子惇，别号寄簃，浙江吴兴（今浙江省湖州市）人。清代法学家，新法家代表人物，历任天津、保定知府，刑部右侍郎，修订法律大臣，大理院正卿，法部右侍郎，资政院副总裁等，主持并制定了《刑事民事诉讼法草案》《大清新刑律草案》《大清民律》《大清商律草案》等一系列法典。

随着晚清政府受到全盘西化的法理革新派的推动，为适应时代变化，作为国法的《大清律例》法典进入修订时期。

彼时，提倡“中体西用”的传统礼教派与提倡“法理”全盘西化的革新派也陷入争执与水火不容的状态。提倡“中体西用”的传统礼教派认为：坚持传统礼法一体原则，且以伦理纲常为本。提倡“全盘西化”的法理革新派认为：国家法典要重新修订，运用“国家主义”等西方国家的“通行法理”，彻底改革中国旧有的法律制度。

两派之争，史称“礼法之争”。事件发生在1906年（清光绪三十二年）。

两派代表分别是：以京师法律学堂事务大臣、修订法律大臣沈家本，修订法律大臣伍廷芳，清政府聘任的刑律起草顾问、日本东京大学法科教授冈田朝太郎，反对礼教派主要人物之一、君主立宪制倡导者、宪政编查馆提调杨度等人，基于对清朝所面临的社会危机及对西方国家政治法律制度的深为熟稔，大力主张效仿西方近代法律理论与制度的法理派；以洋务派代表人物张之洞、江宁提学使劳乃宣、京师大学堂总监刘廷琛等为代表的礼教派，秉持修订新律应“浑道德与法律于一体”，不能因噎废食，偏离数千年以承的“礼教民情”。

两派之争，真正导火索在哪里？这自然要说一下清代国家法典的问题。《大清律例》是个什么情况？这还要往前代追溯。

据瞿同祖[①]先生在《中国法律与中国社会》一书中所言：“中国法律之儒家化可以说是始于魏、晋，成于北魏，隋、唐采用后便成为中国法律的正统。其间实经一长期而复杂的过程，酝酿生长以底于成。”清朝自然延承了这一传统。自是可知，带有儒家文化基因的《大清律例》，是基于“三纲五常”“以孝治天下”制定的。如唐代《唐律》、宋代《宋刑统》、元代《元典章》、明代《大明律》等，不孝入刑，违反伦理纲常（伦理纲常以孝道学说为核心）者皆为重罪，是其通例。这当然是为了配合“以孝治天下”的主流意识形态，《大清律例》也不例外。

最先对《大清律例》进行大刀阔斧改革的是负责主持修订《大清律例》草案的法理革新派、修订法律大臣

①瞿同祖，湖南长沙人，著名历史学家，1934年入燕京大学研究院，1939年任云南大学社会、政经、法律三系讲师、副教授、教授，1944年兼任西南联合大学讲师，其间撰写《中国法律与中国社会》一书，成为学术界的开新之作。

伍廷芳（1842—1922），本名叙，字文爵，又名伍才，号秩庸，后改名廷芳，清末民初杰出的外交家、法学家，参与起草有《大清刑事民事诉讼法草案》《大清商律》《大清印刷物件专律》《商会简明章程二十六条》《铁路简明章程二十四条》《各级审判厅试办章程》等新法。图为伍廷芳（前一）在美国从事外交工作期间留影。

沈家本和伍廷芳等人。

1906年4月（清光绪三十二年），沈家本、伍廷芳在《大清新刑律草案》未编成之前，先上呈了《大清刑事民事诉讼法草案》，奏请试行。

清光绪帝认为修法之事事关国体，随即发布谕旨称："法律关系重要，该大臣所纂各条，究竟于现在民情风俗能否通行，著该将军、督抚、都统等体察情形，悉心研究其中有无扞格之处，即行缕析条分，据实具奏。"

上谕一出，各地将军、督抚、都统陆续上折复奏。据实具奏的结果是："各督抚之章奏皆系逐条驳诘，无一赞成者。”

其中晚清重臣、洋务派代表人物兼传统礼教捍卫者张之洞的奏折，最具影响力与震撼力。张之洞在上表的奏折中陈述道：

该法大率采用西法，于中法本原似有乖违，于中国情形亦未尽合，诚恐难挽法权，转滋狱讼……盖法律之设，所以纳民于轨物之中。而法律本原，实与经术相表里，其最著者为亲亲之义，男女之别，天经地义，万古不刊。乃阅本法所纂，父子必异财、兄弟必析产、夫妇必分资，甚至妇人女子，责令到堂作证。袭西俗财产之制，坏中国名教之防，启男女平等之风，悖圣贤修齐之教，纲沦

张之洞（1837—1909），字孝达，号香涛；祖籍直隶南皮，生于贵州兴义府（今贵州省安龙县），清代洋务派代表人物，政治上主张“中学为体，西学为用”，创办学堂，建造汉阳铁厂、大冶铁矿、湖北枪炮厂等，历任教习、侍读、侍讲、内阁学士、山西巡抚、两广总督、湖广总督、两江总督、军机大臣等职，官至体仁阁大学士。光绪三十四年十一月，以顾命重臣晋太子太保，次年病卒，谥文襄。与曾国藩、李鸿章、左宗棠并称“晚清中兴四大名臣”。

法斁，隐患实深。

显然，洋务派代表人物张之洞身上有变法强国之精神，他在致电军机大臣鹿传霖时说："欲救中国残局，唯有变西法一策，精华谈何容易，正当先从皮毛学起，一切迂谈陈话全行扫除。"变法决绝之心油然而出。张之洞也有维护皇权的传统保守派礼教思想，如其在《奏定学堂章程》中的思想"以忠孝为敷教之本，以礼法为训俗之方"。

这一次法理派与礼教派之争，只是个引子，更激烈的冲突和争辩还在后面。

1908 年（清光绪三十四年），当沈家本、伍廷芳等人将修订的《大清新刑律草案》上呈之后，交付清政府各部院以及地方各将军、督抚、都统签注意见时，立即遭遇传统礼教派的围殴。

此时，具有变法之精神又兼有维护皇权的传统礼教思想的张之洞，又最先签注。张之洞对《大清新刑律草案》的反对更为激烈，批评更为尖锐。

清光绪三十四年五月七日，张之洞在上呈的奏折里陈述道：

窃维古昔圣王，因伦制礼，准礼制刑。凡刑之等差，一本乎伦之秩序、礼之节文而合乎天理人情之至也。《书》

曰："明于五刑，以弼五教。"《王制》曰："凡听五刑之讼，必原父子之亲，立君臣之义以权之。"此我国立法之本也。大本不同，故立法独异。我国以立纲为教，故无礼于君父者，罪罚至重。西国以平等立教，故父子可以同罪，叛逆可以不死。此各因其政教习俗而异，万不能以强合者也。

造成如此针尖对麦芒、火药味十足的争论，归根接地在于对"伦理纲常""以孝治国"的伦理道德范畴问题上的看法。

沈家本等起草《大清新刑律草案》中，凡事关伦理纲常和社会风化的十恶、干名犯义、存留养亲、亲属容隐、亲属相奸、亲属相盗、亲属相殴、犯奸、子孙违犯教令等条款一并删除殆尽，这是最主要因素之一。

试举几例：

"干名犯义"条存废之争。"干名犯义"是中国古代社会最重要的罪名之一，即"谓告言诅詈祖父母、父母"的不孝之罪。法理革新派认为"干名犯义"是"告诉之事，应于编纂判决录时，于诬告罪中详叙办法，不必另立专条"；传统礼教派认为"中国素重纲常，故于干名犯义之条，立法特为严重"。

"存留养亲"条存废之争。所谓"存留养亲"，就是有罪者定刑之后，若处罚为徒、流之刑，家中若有年高祖父母、父母无人赡养者，则可免除徙、流之刑，以杖罚、鞭笞为主，就是打几板子，然后准许其留在家里赡养其祖父母、父母。如《北魏律·名例》规定："诸犯死，若祖父母、父母七十以上，无成人子孙，旁无期亲者，具状上请，流者鞭笞，留养其亲。终则从流，不在原赦之例。"法理革新派认为"古无罪人留养之法"（实际上有），所以新刑律，就不保留这一条款了。传统礼教派认为"存留养亲"是仁政德政之体现，宣扬孝道教化之主要方式，不可偏废。

"违犯教令"条存废之争。卑幼子孙"违犯教令"，说白话点就是"家长制（家法族规）"，即卑幼子孙不可违背家长意志。《唐律疏议》曰："祖父母、父母有所教令，于事合宜，即须奉以周旋，子孙不得违犯。"法理革新派认为"此全是教育上事，应别设感化院之类，以宏教育之方。此无关于刑事，不必规定于刑律中也"。传统礼教派认为"子孙治罪之权，全在祖父母、父母，实为教孝之盛轨"。事实上，"违犯教令"在清代已经不限于血缘关系的子孙，已经触及奴婢、雇工等更广的群体。比如对于地位低下的奴婢、奴隶或雇工，"家长"掌管有生杀大权，有滥刑处罚的权力。在清代官贵之家广用私刑的事情，时有发生。如果"家长"因滥刑处罚致人死于非命，又如何量刑定罪？这不只是子孙孝与不孝的问题了。此为题外话，姑且不加赘述。

上述问题是主要争论的焦点之一斑，但以管中窥豹的视角，可以看出以“家法族规”为基础的旧律礼教派，与以西方法理为基础的新刑律法理派之间，在两种不同的主义、精神之间的交锋与碰撞。

作为礼法之争中的礼教派扛鼎人物张之洞，在上呈的奏折中更是将新定刑律草案与大清现行律例大相刺谬者，旁加列举，逐一反驳：

中国即制刑于明君臣之伦。故旧律于谋反大逆者，不问首从，凌迟处死。新律草案则于颠覆政府僭窃土地者，虽为首魁，或不处以死刑；凡侵入太庙宫殿等处射箭放弹者，或科以一百元以上之罚金。此皆罪重法轻，与君为臣纲之义大相刺谬者也。

中国即制刑以明父子之伦。故旧律凡殴祖父母父母者死，殴杀子孙者杖。新律草案则伤害尊亲属，因而致死或笃疾者，或不科以死刑，是视父母与路人无异。与父为子纲之义大相刺谬者也。

中国即制刑以明夫妇之伦。故旧律妻殴夫者杖，夫殴妻者非折伤勿论。妻殴杀夫者斩，夫殴杀妻者绞。而条例中妇人有犯罪坐夫男者独多，是责备男子之意，尤重于妇人，法意极为精微。新律草案则并无妻妾殴夫之条，等之于凡人之例。是与夫为妻纲之例大相刺谬者也。

中国即制刑以明男女之别。故旧律犯奸者杖，行强者死。新律草案则亲属相奸，与平人无别。对于未满十二岁以下之男女为猥亵之行为者或处以三十元以上之罚金；行强者或处以二等以下有期徒刑。且曰犯奸之罪，与泥饮惰眠同例，非刑罚所能为力，即无刑罚制裁，此种非行，亦未必因是增加。是足以破坏男女之别而有余地。

中国即制刑以明尊卑长幼之序。故旧律凡殴尊长者，加凡人一等或数等。殴杀卑幼者，减凡人一等或数等。干名犯义诸条，立法尤为严密。新律草案则并无尊长殴杀卑幼之条，等之于凡人之例。是足以破坏尊卑长幼之序而有余也。

张之洞上述之重心，仍在以孝为核心的家庭伦理和由孝及忠的外延范畴，即三纲五常之内进行反驳，诚如其言“有关伦纪之处，应全行改正。总以按切时势而仍不背于礼教为主”。如果把几千年的“以孝治国”传统，突然从法理层面剔除，受到阻力或反对是不言而喻的。

事实上，“家天下”的清代统治者，更乐见于传统礼教派捍卫的治国之策。当张之洞上表奏折条陈利弊之后，清政府旋即下发了《修改新刑律不可变革义关伦常各条谕》，在条谕中明确强调：

凡我旧律义关伦常诸条，不可率行变革，庶以维天理民彝于不敝，该大臣（指沈家本）务本此意，以为修改宗旨，是为至要。

这道条谕其实是对沈家本等人修订的《大清新刑律草案》的否定。

否定《大清新刑律草案》的第二年，宣统元年，即1909年10月4日，时为顾命重臣太子太保的张之洞去世。张之洞的去世，表面上看，使得《大清新刑律草案》的争论暂且告一段落。

沈家本等人也做了一定的妥协，对《大清新刑律草案》进行了再次修订，修订之后，再次上呈清政府，此次《大清新刑律草案》名为《大清修正刑律草案》。《大清修正刑律草案》也找到了一个折中办法，即将原本删除的有关三纲五常的礼教内容以附则的形式体现，这也表明以沈家本等人为代表的法理派作出了让步。

劳乃宣（1843—1921），字季瑄，号玉初，又号韧叟，浙江嘉兴府桐乡（今浙江省桐乡市）人，礼法之争中，传统礼教派主要代表人物之一，主张凡属礼教的三纲五常都应纳入新刑律之中。

然而，事情并未结束，接过张之洞维护皇权的传统礼教派大旗的大有人在，如劳乃宣、刘廷琛等人，依然对《大清修正刑律草案》所存在问题进行了驳斥。

1910年，作为钦选资政院硕学通

儒议员、江宁提学使的劳乃宣对《大清修正刑律草案》提出严肃反对意见。据《清史稿·劳乃宣传》记载：“法律馆奏进新刑律，乃宣摘其妨于父子之伦、长幼之序、男女之别者数条，提议修正之。”《清史稿·刑法志》转引劳乃宣在其《大清修正刑律草案说帖》中言：

法律大臣会同法部奏进修改刑律，义关伦常诸条，未依旧律修入。但于附则称：中国宗教尊孔，以纲常礼教为重。如律中十恶亲属容隐，干名犯义，存留养亲，及亲属相奸、相盗、相殴、发冢、犯奸各条，未便蔑弃。中国人有犯以上各罪，应仍依旧律，别辑单行法，以昭惩创……

且夫国之有刑，所以弼教。一国之民有不遵礼教者，以刑齐之。所谓礼防未然，刑禁已然，相辅而行，不可缺一者也。

按照劳乃宣的意见，纲常礼教不可删除，也不可以附则的形式体现，而应纳入法律正文之列，并且西法（新修法）应与儒家礼制要融为一体，诚所谓“本旧律之义，用新律之体”。显然，劳乃宣本质上承继了张之洞的思想，法律与社会伦理、道德、教化混为一体。

然而，劳乃宣的上陈意见，并未得到采纳。

1910 年 11 月 5 日，清政府宪政编查馆《修正刑律草案》审议完毕，定名为《大清新刑律》。《大清新刑律》保持沈家本等人所上呈的《大清修正刑律草案》基本原貌，正式颁布天下（但未真正施行）。诚如《大清新刑律》附则即《暂行章程》五条中第二条明确规定："中国宗教尊孔，向以纲常礼教为重，况奉上谕再三告诫，自应恪为遵守。如大清律中十恶、亲属容隐、干名犯义、存留养亲，以及亲属相奸、相盗、相殴、并发冢、犯奸各条，均有关伦纪礼教，未便蔑弃。如中国人有犯以上各罪，应仍照旧律办法，另辑单行法以昭惩创。"这一写入《大清新刑律》的附则，与劳乃宣在《大清修正刑律草案说帖》中所表述一致，也是劳乃宣极力反对的。

事已至此，但未真正结束，对《大清新刑律》的反对之声，依然此起彼伏。

1911年2月23日，时任京师大学堂总监（今谓校长）、学部副大臣的刘廷琛上奏《新刑律不合礼教条文请严饬删尽折》中更是旗帜鲜明地指出《大清新刑律》与传统礼教不合者，应尽以删除；对伦理纲常者，应恢复其在法律中的应有地位，即事关三纲五常的礼教条款应纳入刑律正文，而不应该以附则形式体现。刘廷琛在《新刑律不合礼教条文请严饬删尽折》中详细述说道：

窃维政治与时变通，纲常万古不易，故因世局推移而修改法律可也，因修改法律而毁灭纲常则大不可。盖政治坏，祸在亡国，有神州陆沉之惧；纲常坏，祸在亡天下，有人道灭绝之忧，宗旨不可不慎也。

乃查法律馆所修新刑律，其不合吾国礼俗者，不胜枚举，而最悖谬者，莫如子孙违犯教令及无夫奸不加罪数条，去年资政院议员彼此争持，即以其不合人心天理之公，稍明大义者，皆未肯随声附和也。

今年为议民律之期，臣见该馆传钞稿本，其亲属法中有云，子成年能自立者，则亲权丧失，父母或滥用亲权及管理失当，危及子之财产，审判庭得宣告其亲权之丧失。又有云，订婚需经父母之允许，但男逾三十，女逾二十五岁者，不在此限等语，皆显违父子之名分，溃男女之大防。管子曰：礼义廉耻，国之四维；四维不张，国乃灭亡。此等法律使果得请施行，窃恐行之未久，天理民彝澌灭寝尽，乱臣贼子接踵而起，而国家随之矣。

盖天下之大，所恃以保安者，全赖纲常隐相维系。今父纲、夫纲全行废弃，则人不知伦理为何物，君纲岂能独立，朝廷岂能独尊。理有固然，势所必至。伏惟皇上孝治天下，而新律导人不孝；皇上旌表节烈，而新律导人败节。

该法律大臣（沈家本）受恩之深重，曾习诗书，亦何至叛道离经若此。臣反覆推求其故，则仍以所恃宗旨不同也。外国风教攸殊，法律宗旨亦异，欧美宗耶教，故重平等，我国宗孔孟，故重纲常。法律馆专意摹仿外人，值本国风俗于不问，既取平等，自不复顾纲常，毫厘千里之差，其源实由于此。

刘廷琛最终亮明自己的意见“伏惟皇上孝治天下，而新律导人不孝”，故“请定国是者，不论新律之可行不可行，先论礼教可废不可废，礼教可废则新律可行，礼教不可废则新律必不可尽行，兴废之理一言可决”。按照刘廷琛的意思，显然不能废除礼教。

不幸的是，彼时的清政府已经没有再次修订以及真正实施《大清新刑律》的机会和时间了。距刘廷琛上呈奏折约一年后，即1912年2月12日，清政府正式宣告灭亡。

至此，礼法之争落下帷幕。《大清新刑律》虽非革新一步到位，却推动了中国司法进步，并把有关三纲五常、以孝治国等原本属于刑律正文的条款，打入附则五条之中，意味着以三纲五常立国的数千年传统统治思想宣告终结，以孝治国的时代彻底退出了历史的舞台。同时，这也为孝道礼教彻底被排除在法律之外，埋下伏笔。

自此，传统孝道文化，进入了新的时期，又开启跌宕起伏的新的命运。

北洋政府时期的孝道变革

1912年1月1日，中华民国临时政府在南京宣布成立。礼法之争中法理派代表人物之一、清代修律大臣伍廷芳出任临时政府司法总长。

由伍廷芳出任临时政府司法总长，标志着南京临时政府承继了清代颁布但未施行的新的相关法律及新刑律。临时大总统孙中山说："编纂法典，事体重大，非聚中外硕学，积多年调查研究，不易告成。而现在民国统一，司法机关将次第成立，民刑各律及诉讼法，均关紧要。"时间紧迫，没有新的法典施行，但又不可或缺，于是只有采用前清之相关法律。

伍廷芳负责在援用清代相关法律及新刑律的基础上，临时做了修缮。

1912年3月24日，伍廷芳在上呈临时大总统孙中山咨请参议院审议援用前清律法时说："窃自光复以来，前清政府之法规既失之效力，中华民国之法律尚未颁行，而各省暂行规约，尤不一致。当此新旧递嬗之际，必有补救方法，始足以昭划一而示标准。本部现拟就前清制定之《民律草案》《第一次刑律草案》《刑事民事诉讼法》

《法院编制法》《商律》《破产律》《违警律》中除《第一次刑律草案》关于帝室之罪全章及关于内乱罪之死刑，碍难适用外，余皆由民国政府声明继续有效，以为临时适用法律，俾司法者有所根据。谨将所拟呈大总统咨由参议院承认，然后以命令公布，通饬全国一律遵行，俟中华民国法律颁布，即行废止。是否有当，尚乞钧裁施行。”

伍廷芳拟就援用的《第一次刑律草案》，即指1908年（清光绪三十四年）沈家本、伍廷芳等人第一次修订上呈的《大清新刑律草案》，这份草案悉数把凡事关伦理纲常和社会风化的十恶、干名犯义、存留养亲、亲属容隐、亲属相奸、亲属相盗、亲属相殴、犯奸、子孙违犯教令等条款删除殆尽的条款，自然以孝治国、以孝立法的条文是没有的。

1912年3月5日，孙中山提交于南京临时政府参议院，开始讨论；1912年4月3日，议决《新法令未颁布以前暂适用旧有法律案》。需要指出的是，经过参议院审议通过，援用清代相关法律及新刑律的《新法令未颁布以前暂适用旧有法律案》，全面清除了与三纲五常、孝道有关的条款。这是自汉代以降，特别是以《唐律》为代表的中国法体系的全面瓦解，以及西法在中国的崛起。

可惜的是，由于南京临时政府存在时间短暂——1912年2月15日，南京参议院选举袁世凯为临时大总统；1912年3月10日，袁世凯在北京宣布就任中华民国临时

图为1912年3月10日袁世凯（前中）在北京宣布就任中华民国第二任临时大总统宣誓仪式上留影。袁世凯（1859—1916），字慰亭，又作慰廷，号容庵、洗心亭主人，汉族，河南项城（今河南省项城市）人，中国近代史上著名的政治家、军事家、北洋军阀领袖。1912年2月15日，南京临时政府参议院选举袁世凯为中华民国第二任临时大总统；1913年10月6日，国会选举袁世凯为中华民国第一任大总统；1915年12月12日，袁世凯宣布接受帝位，推翻共和，复辟帝制，改中华民国为“中华帝国”，并下令废除民国纪元，改民国5年（1916年）为“洪宪元年”，史称“洪宪帝制”。1916年6月6日，因病不治而亡，归葬于河南安阳。

大总统（史称北洋政府时期）——1912 年 4 月 1 日，南京临时政府解散，南京临时政府参议院也不得不解散，这标志着伍廷芳拟就援用的《新法令未颁布以前暂适用旧有法律案》（包括《第一次刑律草案》）未及颁布实施。

在南京临时政府与袁世凯在北京就任临时大总统的北洋政府重叠时期，即 1912 年 3 月 10 日，袁世凯颁发临时总统令时说：“现在民国法律未经议定颁布，所有从前施行之法律及新刑律（即指《大清新刑律》），除与民国国体抵触各条应失效力外，余均暂行援用，以资遵守。”

袁世凯当政的北洋政府时期，援用前清法律及新刑律却与南京临时政府有所不同——北洋政府时期援用的是以清代颁布但未施行落地的《大清新刑律》为蓝本。

1912 年 3 月 28 日，北洋政府法部拟定并上呈《法部呈请删修新刑律与国体抵触各章条等并删除暂行章程文》。经袁世凯批准后，于 3 月 30 日对外颁布《中华民国暂行新刑律》；4 月 3 日，北洋政府法部通令京外各司法衙门遵照施行。根据北洋政府法部呈文可以看出，“删除暂行章程文”即取消了《大清新刑律》附则《暂行章程》五条，修改与民国国情相抵触的内容、文字表述或用语，并得到了袁世凯的同意。这意味着，北洋政府时期，由临时大总统袁世凯颁布的《中华民国暂行新刑律》也没有了伦理纲常与以孝治国的相关文字内容。

但是，袁世凯这个人有称帝野心，他也一心筹谋复辟帝制的宏伟计划。因此，颁行的《中华民国暂行新刑律》还没全面实施，袁世凯便改变了主意——

1912 年 9 月 12 日颁行《暂行新刑律施行细则》；同年 9 月 20 日，袁世凯又颁布临时大总统令——《整饬伦常令》。《整饬伦常令》可以视作《暂行新刑律施行细则》的有效补充，也为后来再一次修订《中华民国暂行新刑律》埋下伏笔。

袁世凯在《整饬伦常令》中说道：

民国肇造以来，年少轻躁之士，误认共和真理，以放恣为自由，以蔑伦为幸福，纲纪隳丧，流弊无穷。请讲明孝悌忠信礼义廉耻，以提倡天下，挽回薄俗等情。仁人之言，闻之感喟。本大总统深惟中华立国，以孝弟忠礼义廉耻为人道之大经。政体虽更，民彝无改。盖共和国体，惟不以国家为一姓之私产，而公诸全体之国民。至于人伦道德之原，初无歧异。古人以上思利民，朋友善道为忠，原非局于君臣之际。自余七德，虽广狭有殊，而人群大纪，包举无遗。

自顷以来，人心浮动，于东西各国科学之精微未能通晓，而先醉心于物质文明，以破个人道德，缘饰哲学，比附名词，厚诬彼贤，私遂己过。抑知立国各有本末，岂能举吾国数千年之嘉言懿行，壹扫而空。前述八德，百姓与能，乃妄者以为不便于己，弃如弁髦，造作秀言，误人子弟，几欲化全国人民为不孝不弟不忠不信无礼无义无廉无耻而后快。

孟子有言，去人伦无君子，率兽食人，人将相食，若任其自然不为别白，则五季之荡无法纪，复见于今，必为人类所不容，环球所共弃。

言念及此，忧心如焚，为此申明告诫，须知家庭伦理、国家伦理、社会伦理，凡属文明之国，靡不殊途同归，此八德者，乃人群秩序之常，非帝王专制之规也。当此存亡绝续之际，固不必墨守旧说，拘于一家之言，亦岂可侵轶范围，毁冠裳而随鳞甲。唯愿全国人民恪守礼法，共济时艰。其或倡作诐词，引人入阱，国有常刑，岂能宽纵。本大总统痛时局之阽危，怵纪纲之废弛，每念今日大患，尚不在国势而在人心。苟人心有向善之机，即国本有底安之理。

凡我邦人父兄子弟敬而听之。

这篇《整饬伦常令》笔意表现得荡气回肠、大义凛然，总之想表达的是“以孝弟忠信礼义廉耻为人道之大经”，“家庭伦理、国家伦理、社会伦理”是“人群秩序之常，非帝王专制之规也”，所以唯愿“全国人民恪守礼法”，否则，舍弃伦理纲常与孝悌忠义便是“欲化全国人民为不孝不弟不忠不信无礼无义无廉无耻而后快”，袁世凯恢复以孝治国、传统礼教治国之心日见昭彰。

这还并不算完，为了完美实现或者说顺利实现以孝治国的复辟帝制之举，袁世凯又拉出孔子做大旗，便是为三纲五常、以孝治国作更为庞大的铺垫。

1913年6月22日，袁世凯颁布临时大总统令——《尊孔崇圣令》：

立国之本，在于政治；而政治新旧之递嬗，恒视学说为转移。我中国之遵孔子，始于汉武帝之摈黜百氏，表章（彰）六经。自是，学说遂统于一遵。愿孔学博大，与世推移，以正君臣为小康，以天下为公为大同，其后历代人主，专取其小康学派，巩固君权，传疏诸家，变本加厉，而专制之威，能使举世学者不敢出其范围。

近自国体改革，缔造共和，或谓孔学言制，大一统而辨等威，疑其说与今之平等不合，浅妄者流，至悍然倡为废祭之说。此不独无以识孔学之精微，即于平等自由之真相亦未有当也。孔子生贵族专制时代，悯大通之不行，哀斯民之昏垫，乃退而祖述尧舜，删订六经。春秋拨乱之后，为升平、太平之世，礼于小康之上，进于大同共和之义，此其导源。远如颜、曾、思、孟，近如顾、黄、王诸儒，多能发明宗旨，择精语详，大义微言，久而益著，酝酿郁积，遂有今日民主之局。

天生孔子，为万世师表，既结皇煌帝谛之终，亦开选贤与能之始，所谓反之人心而安，放之四海而准者。

据袁世凯援引时任四川都督府都督、北洋政府西征军总司令尹昌衡电文称“请令全国学校，仍行释奠之礼”，袁世凯声称尹昌衡所见“极为正大”，据此下令“根据古义，将祀孔典礼，折中至当，详细规定，以表尊崇，而垂久远”，将祭祀孔子提上日程。按照袁世凯的想法“值此僻邪充塞，法守荡然，以不服从为平等，以无忌惮为自由，

1912年4月17日，成、渝两地军政府合并成立四川都督府，尹昌衡（前左坐者）任都督、罗纶（前右坐者）任副都督；同年6月，尹昌衡任北洋政府西征军总司令，领兵西征，平定英国侵略者策划的西藏叛乱；后改任川边经略使。尹昌衡电文称“请令全国学校，仍行释奠之礼”是当时各地武力军阀普遍的心态，但并非支持袁世凯复辟。尊孔复古，一定程度上是时代所造就，传统礼教思想影响至深。尹昌衡自己就曾声称：“不叛上，不阿私，行则霖雨济苍生，藏则著书教万世。”

民德如斯，国何以立”，所以经其“反复研求，务得真理，以为国家强弱，存亡所系；唯此礼义廉耻之防，欲遏横流，在循正轨”，意思是西法、平等、自由等不足以拯救国家于危难存亡之关头，依靠的还是传统礼教的约束，使人心归于正统。一言以蔽之，就是传统的三纲五常、以孝治国还是很合时宜的。

于是——

1913年9月17日，北洋政府教育部电令各省都督、民政长称“旧历八月二十七日为孔子生日，应定是日为圣节，令各学校放假一日，并在校行礼”，并请个各省“即转饬所属一体遵照”；

1913年11月26日，袁世凯颁发《尊孔典礼令》称“孔子之道，如日月经天，江河行地，树万世之师表，亘百代而常新。凡有血气，咸蒙覆帱，圣学精美，莫与比伦。溯二千余年，历史相沿，率循孔道，奉为至圣。现值新邦肇造，允宜益致尊崇”，并且规定“所有衍圣公暨配祀贤哲后裔，膺受前代荣典，祀典均仍其旧。唯尊圣典礼綦重，应由主管部详稽故事，博考成书，广征意见，分别厘定，呈候布行”；

1914 年 2 月 7 日，袁世凯颁发《规复祭孔令》，通令各省崇祀孔子，以春秋两丁为祀孔之日，行祀孔礼；并且规定“崇祭孔子，乃因袭历代之旧典，议以夏时春秋两丁为祭孔之日，仍从大祭，其礼节、服制、祭品，当与祭天一律。京师文庙应由大总统主祭，各地方文庙应由长官主祭，如有不得已之事故，得于临时遣员恭代。其他开学首日，孔子生日，仍听各从习惯，自由致祭，不必特为规定”；

1914 年 2 月 20 日，袁世凯颁发《崇圣典例令》，详细制定了尊孔、祀孔的组织和制度架构等；

1914 年 9 月 25 日，袁世凯颁布《祭孔告令》称“中国数千年来立国根本在于道德，凡国家政治、家庭伦纪、社会风俗，无一非先圣学说发皇流衍。是以国有治乱，运有隆污，唯此孔子之道，亘古常新，与天无极”。告令颁发 3 日后的 9 月 28 日，袁世凯率各部总长并文武官吏，着新式祭服，在北京孔庙行秋丁祀孔礼。

1914年9月28日，袁世凯率各部总长并文武官吏，着新式祭服，在北京孔庙行秋丁祀孔礼。

随着尊孔、祀孔的恢复，袁世凯还把恢复古制的触角伸到了各级学堂，紧接着于1915年1月1日公布《颁定教育要旨》，所谓“学校均应崇奉古圣贤以为师法，宜尊孔以端其基，尚孟以至其用”，诚如翌日（即1915年1月2日）袁世凯在回复教育部《拟定提倡忠孝节义施行方法呈》中所言“惟初等小学应将《孟子》列入科目，高等小学应将《论语》列入科目，俾资诵习，用端趋响”，明令学堂读经科目；1915年1月22日，袁世凯颁发《特定教育纲要》，是对《颁定教育要旨》的巩固与加强，并单独设立了读经一科。

袁世凯的目的显而易见，使用孔孟礼教学说来支撑其复辟帝制，并在民间舆论中宣扬传统礼教思想。

从法理层面看，1912年9月20日，袁世凯颁发《整饬伦常令》之初，就开始着手修订《中华民国暂行新刑律》，于1914年12月24日颁行《暂行新刑律补充条例》，这个补充条例，即把1912年3月30日颁行的《中华民国暂行新刑律》依托《大清新刑律》为蓝本所删除的附则《暂行章程》，进行变相复原。这一变相复原预示着传统的伦理纲常与以孝治国的礼制文字归位，诚如袁世凯本人所言“以礼教号召天下，重典协服人心”，明确尊卑长幼亲疏男女等级身份在定罪量刑中的差异处罚原则重新纳入其中。

1915年2月12日，北洋政府时期的《刑法第一次修正案》起草工作完成，并将《暂行新刑律补充条例》正式纳入刑法草案正文，其立法宗旨即秉承“礼教民情”，立法必依“礼俗”。诚如参与《刑法第一次修正案》起草工作的北洋政府司法总长兼任法律编查会会长章宗祥、参政院参政兼法律编查会副会长汪有龄以及大理院院长兼聘为法律编查会副会长董康等人，在撰写《修正刑法草案理由书》中明确说道：“昔东汉卓茂有言曰：‘律设大法，礼顺人情。’故夫刑法之设，所以制裁不法之行为。而要与其国俗相维系，诚使整齐一国之法制。内有以葆其善俗，外有以规乎大同，斯其法方为良法。中国数千年来，以礼教立国，昔人所谓礼之所去，刑之所取，则立法自必依乎礼俗。”表达的正是此意。

随着《刑法第一次修正案》草案的出炉，袁世凯的复辟帝制大业也终于粉墨登场：

1915年10月6日，北洋政府参政院以“尊重民意”

为托词，召开“国民代表大会”，通过“君主立宪”表决。随后，参政院以“国民代表大会总代表”名义上书“劝进”袁世凯称帝；

1915年12月12日，袁世凯宣布承受帝位；12月31日，袁世凯颁令令废除民国纪元，改1916年（民国五年）为洪宪元年，改中华民国为“中华帝国”；

1916年1月1日，正式登基称帝；

1916年3月22日，袁世凯宣布取消帝制，废除“洪宪”年号，复以大总统自居。

至1916年6月6日，袁世凯因病不治而亡，这场复辟帝制的闹剧宣告终结，并且伴随着的还包括袁世凯北洋政府时期的一系列大总统令、政府令以及《刑法第一次修正案》草案等告终。所谓“修正案”草案，即还未交予参政院议决，没有真正颁行的意思。

为配合复辟帝制，袁世凯一路行迹清晰可见：

从立法层面看：从《暂行新刑律施行细则》到《暂行新刑律补充条例》的颁行，再到《刑法第一次修正案》草案；

从舆论层面看：从《整饬伦常令》的煞有介事地“拉大旗扯虎皮”，到《尊孔崇圣令》《尊孔典礼令》《规复祭孔令》《崇圣典例令》《祭孔告令》的相继推出；

从教育层面看：从在各级学堂重新推行小学读经活动，到发布《颁定教育要旨》《特定教育纲要》，设立读经科等；

从民间层面看：重拾纲常名教或者说以礼教治国，在民间大力倡导忠孝节义行为，如1914年3月11日颁布的《褒扬条例》中规定凡孝行节妇“操可以风世者”，皆可由政府授予“匾额题字”，且“受褒人及其家族愿立牌坊者，得自为之”，意思就是可以立孝行、节妇牌坊；1914年11月3日又在公布的《箴规世道人心告令》中明确提出“忠孝节义四者为中华民族之特性，为立国之精神”，并指摘南京临时国民政府是致使传统礼教丧失的罪魁祸首，“一二桀黠之徒，利用国民弱点，遂倡为无秩序之平等，无界说之自由，谬种流传，人禽莫辨，举吾国数千年之教泽扫地无余。求如前史所载忠孝节义诸大端，几乎如凤毛麟角之不可多得”，显然，问题并不出在这里。

在如此动荡不安的年代，孝道文化饱受战争离乱之苦，在保守派与革新派之间、传统礼制与西方法制之间，在传统名教与现代思想的多重冲击下，显得难以立足，命运也跌宕起伏。

鲁迅先生于1935年发表在6月号日本《改造》月刊上的《在现代中国的孔夫子》一文中说得明白：

从二十世纪的开始以来，孔夫子的运气是很坏的，但到袁世凯时代，却又被重新记得，不但恢复了祭典，还新做了古怪的祭服，使奉祀的人们穿起来。跟着这事而出现的便是帝制。然而那一道门终于没有敲开，袁氏在门外死掉了。余剩的是北洋军阀，当觉得渐近末路时，也用它来敲过另外的幸福之门。盘踞着江苏和浙江，在路上随便砍杀百姓的孙传芳将军，一面复兴了投壶之礼；钻进山东，连自己也数不清金钱和兵丁和姨太太的数目了的张宗昌将军，则重刻了《十三经》，而且把圣道看作可以由肉体关系来传染的花柳病一样的东西，拿一个孔子后裔的谁来做了自己的女婿。然而幸福之门，却仍然对谁也没有开。

这三个人，都把孔夫子当作砖头用，但是时代不同了，所以都明明白白的失败了。岂但自己失败而已呢，还带累孔子也更加陷入了悲境。他们都是连字也不大认识的人物，然而偏要大谈什么《十三经》之类，所以使人们觉得滑稽；言行也太不一致了，就更加令人讨厌。既已厌恶和尚，恨及袈裟，而孔夫子之被利用为或一目的的器具，也重新看得格外清楚起来，于是要打倒他的欲望，也就越加旺盛。

的确如此。传统孝道文化的变迁，也一直与孔夫子的命运相关联，且关联很深，特别近现代以来，孔夫子命运的起伏，也是传统孝道文化命运的起伏。

是故，打着尊孔复古的旗号也好，以忠孝节义在民间倡导社会基本的伦理道德纲纪也罢，孝道文化在清末民初交替之际的很长一段时期都处于风雨飘雨、摇摆不定的状态——

从政府层面看，无论袁世凯治下的北洋政府时候，抑或此后进入各地军阀割据的北洋政府时期，都在试图维护、恢复和推行这种传统的孝道伦理，但是，皆面临着不得要领，或者不顺合时代思潮的难题而难以为继。

从民间层面看，去辫与留辫之间也一度遭遇争驳，这又涉及当时人们的孝道思想认识，毕竟“身体发肤受之父母”的思想影响至深，当袁世凯颁布《褒扬条例》之后，各地争先恐后上报忠孝节义之人物，力争匾额题字和树立牌坊，就可见一斑。

从学术思潮层面看，清末礼法之争后，关于是否倡导孝行以及尊孔复古等，也处于左右不定之间。从晚清革命派代表人物康有为、梁启超，到严复、章太炎、刘师培等人，早年皆以崇尚西学成为一时扛鼎人物，晚年又统统回归传统儒学，而儒家学说又以孝道立身的。

终归，时势如流。孔子说“逝者如斯夫”，大抵如是。随着北洋政府进入军阀割据时期，有关对传统孝道文化的反思并未因此而终止，反而进入了另一个更加剧烈震荡的时代。

军阀割据下的“非孝”思潮

1916年6月6日，袁世凯去世之后，北洋政府进入混乱状态，复辟、倒戈、碾轧、攻伐时有发生，史称北洋军阀割据时期，先后滋生出直系、皖系、奉系以及其他地方军阀政府。

1919年5月4日，五四新文化运动爆发。起因是以青年学生、工人为代表的进步群体，主张拒绝在巴黎和约上签字（巴黎会谈上日本勾结英法两国强夺山东青岛权益），提出“外争国权，内惩国贼”“废除二十一条”等口号；后来演变为进步青年反帝国主义、反封建主义

1919年4至5月，英、美、法、日、中等国在法国巴黎召开会议，会上日本勾结英法两国强夺山东青岛权益。

1919年5月4日，北京爆发五四爱国运动。

的爱国运动，提出“爱国救亡”“民主科学”“文化启蒙”等口号。

于内，军阀割据、五四运动相互纠葛在一起；于外，列强瓜分、国破家亡之际，注定这是一个内忧外扰、动荡不安的时代。这样的时代，人们似乎进入了一个难以揭开线团头绪的时期——既要爱国救亡、抵御侵略，又要传播学习西方的民主和科学；既要反对中国数千年以降的传统文化，又要汲取西方文化的先进理论与经验，在民族主义与思想变新之间，在封建礼教与文化启蒙之间，中国的思想文化堪谓面临着摧枯拉朽的变革局面。

往前追溯，五四新文化运动则肇始于1915年9月15日由陈独秀在上海创办的《青年杂志》（1916年9月1日出版第二卷第一号时更名为《新青年》），至五四新文化运动爆发，此一时期，反封建主义、反传统文化思潮涌现，传统孝道文化沦陷其中，最终引发“非孝”思潮。而《新青年》杂志无疑成为“非孝”思潮的阵地，也是五四新文化运动的思想发源地地与论战阵地。

1915 年 12 月 15，陈独秀在第一卷第四号《青年杂志》上刊登《东西民族根本思想之差异》一文，陈独秀如是说：

东洋民族，自游牧社会，进而为宗法社会，至今无以异焉；自酋长政治，进而为封建政治，至今亦无以异焉。宗法社会，以家族为本位，而个人无权利，一家之人，听命家长。《诗》曰：“君之宗之。”《礼》曰：“有

1915年9月15日《青年杂志》创刊号书影（左图）；1916年9月1日，更名为《新青年》第二卷第一号书影（右图）。该杂志发起新文化运动并成为重要的舆论阵地，倡导科学与民主、新文学等。

馀则归之宗，不足则资之宗。”宗法社会尊家长，重阶级，故教孝；宗法社会之政治，郊庙典礼，国之大经，国家组织，一如家族，尊元首，重阶级，故教忠。忠孝者，宗法社会封建时代之道德，半开化东洋民族一贯之精神也。自古忠孝美谈，未尝无可泣可歌之事，然律以今日文明社会之组织，宗法制度之恶果，盖有四焉：一曰损坏个人独立自尊之人格；一曰窒碍个人意思之自由；一曰剥夺个人法律上平等之权利（如尊长卑幼同罪异罚之类）；一曰养成依赖性，戕贼个人之生产力。东洋民族社会中种种卑劣不法惨酷衰微之象，皆以此四者为之因。欲转善因，是在以个人本位主义，易家族本位主义。

……

夫东洋民族，夫妇问题，恒由产子问题而生。“不孝有三，无后为大。”旧律无子，得以出妻。重家族，轻个人，而家庭经济遂蹈危机矣。蓄妾养子之风，初亦缘此而起。亲之养子，子之养亲，为毕生之义务。不孝不慈，皆以为刻薄非人情也。

西俗成家之子，恒离亲而别居，绝经济之关系。所谓吾之家庭（My family）者，必其独立生活也；否则必曰吾父之家庭；（My father's family）用语严别，误必遗讯。

陈独秀（1879—1942），字仲甫，号实庵，安徽省怀宁县人，新文化运动的倡导者、发起者，他是那个时代站在中华民族和世界进步潮流前列的人物，对推动中国历史文化前进做出过重要贡献。

东俗则不然：亲养其子，复育其孙；以五递进，又各纳妇，一门之内，人口近百矣。况夫累代同居[①]，传为佳话。虚文炫世，其害滋多！男妇群居，内多诟谇；依赖成性，生产日微；貌为家庭和乐，实则黑幕潜张，而生机日促耳。昆季之间，率为共产，倘不相养，必为世讥。事畜之外，兼及昆季。至简之家，恒有八口，一人之力，曷以肩兹？因此被养之昆季习为游惰，遗害于家庭及社会者亦复不少。交游称贷，视为当然，其偿也无期，其质也无物，唯以感情为条件而已。仰食豪门，名流不免。以此富者每轻去其乡里，视戚友若盗贼。社会经济，因以大乱。

①累代同居又称累世同居，即一个家庭以血缘关系为枢纽，世代居住在一起。唐宋以降，累世同居被视为孝行的典范，会受到政府的大力表彰，谓之“旌表”。受表彰之家，可立牌坊或获赐匾额。其中，孝义门便是此制之一。

陈独秀通过西方国家社会风俗、政体、制度与中国传统社会礼教、伦理、道德层面对比，得出“忠孝者，宗法社会封建时代之道德，半开化东洋民族一贯之精神也”，这种以宗法为本位、以孝道为社会自治的纽带和方法，皆无可取之处，并带来种种弊端和恶果（损坏个人独立自尊之人格，窒碍个人意思之自由，剥夺个人法律上平等之权利，养成依赖性戕贼个人之生产力），诚如其言“凡此种种恶风，皆以伪饰虚文任用感情之故。浅见者自表面论之，每称以虚文感情为重者，为风俗淳厚之征；其实施之者多外饰厚情，内恒愤忌”，以陈独秀的意见，以孝道为教化载体，不但教导不出民风淳朴、尊亲重孝，反而滋生出尔虞我诈、虚情假意、刻薄寡恩、“外饰厚情，内恒愤忌”的民风。陈独秀认为，传统的礼教治国，并不能使人变得更加道德、使民风变得更加淳朴，反而法治才是拯救社会道德沦落和民风涣散诡诈的良方。如其所言“自法律言之：人间者，权利之主体；自由者，权利之实行力也”，故“以法治实利为重者，未尝无刻薄寡恩之嫌”，唯有如此方能“成独立之人格，各守分际，不相侵渔”。

陈独秀这篇文章堪称是“非孝”思潮之肇始，并主导了一场关于“非孝”“反儒”的大批判和反思。在《新青年》这块舆论阵地上，从陈独秀到李大钊，从胡适到鲁迅，皆有对于传统儒家思想和孝道文化进行批判、剖析与反思的论辩。

其中，在“非孝”“反儒”的思想战场上，彼时（新文化运动时期），批判最为激烈、影响最深、动静最大、人尽皆知的当属新文化运动人物之一的吴虞①先生。

吴虞被陈独秀誉为“蜀中名宿”，被胡适称之为“中国思想界的一个清道夫”“四川省只手打孔家店的老英雄”（注：没有“倒”字，是“打”，不是“打倒”，二者有本质上的区别，胡适说：“正因为二千年吃人的礼教法制都挂着孔丘的招牌，故这块孔丘的招牌——无论是老店，是冒牌——

①吴虞（1872—1949），原名姬传、永宽，字又陵、幼陵，号爱智、黎明老人，笔名吴吾，四川新繁（今成都市新都区）人。1905年留学日本法政大学；1907年归国后，一度担任《醒群报》《公论日报》等报刊主笔；1910年任成都府立中学国文教员；1921年任北京大学国文系教授；1926年执教于四川大学、成都大学；1933年受尊孔复古派排斥，被迫去职，退隐在家。著作有《吴虞文录》《吴虞日记》《秋水集》等。其中《秋水集》收录有吴虞早期诗文作品，是其批评儒家学说最重要的载体，诚如其在《吴虞日记》中所言：“不佞丙午游东京，曾有数诗，注中多非儒之说。”

不能不拿下来，捶碎，烧去”，所以，打孔家店，是要打孔子思想的这块招牌，而非拆掉这座老店）[①]，他对传统礼教和儒家学说进行了猛烈的批判。

①见1921年6月16日，胡适所撰《〈吴虞文录〉序》。

新文化运动以来，受当时以《新青年》杂志为主要阵地的学术思潮影响，吴虞先后在《新青年》杂志上发表《家族制度为专制主义之根据论》《儒家主张阶级制度之害》《吃人与礼教》等“非孝”“反儒”文章。

1917年2月1日，吴虞在《新青年》第二卷第六号上发表《家族制度为专制主义之根据论》一文，开篇即指出中国社会停止不前的主要因素：“吾国本有由宗法社会转成军国社会之机。顾至于今日，欧洲脱离宗法社会已久，而吾国终颠顿于宗法社会之中而不能前进。推原其故，实家族制度为之梗也。”以宗法制度为核心，盛行家族主义，家族主义的维系则是依赖于孝道学说的。

接下来，吴虞便围绕着儒家礼教及孝道学说进行了猛烈的批判：

如《大戴记》所言：“居处不庄，非孝也；事君不忠，非孝也；莅官不敬，非孝也；朋友无信，非孝也；战阵无勇，非孝也。”盖孝子范围，无所不包。家族制度之与专制政治，遂胶固而不可分析。而君主专制所以利用家族制度之故，则又以有子之言为最切实。有子曰：“孝弟也者，为人之本。其为人也孝弟，而好犯上者鲜；不好犯上而好作

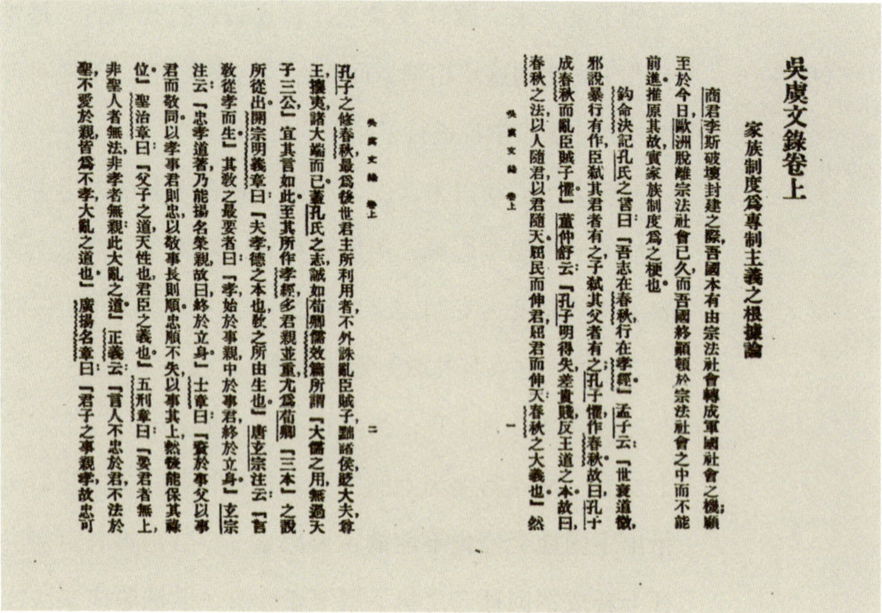

吳虞文錄卷上

家族制度爲專制主義之根據論

商君李斯破壞封建之際，吾國本有由宗法社會轉成軍國社會之機；顧至於今日，歐洲脫離宗法社會已久，而吾國終顚頓於宗法社會之中而不能前進。推原其故，實家族制度爲之梗也。

鉤命決記孔氏之言曰：「吾志在春秋，行在孝經。」孟子云：「世衰道微，邪說暴行有作，臣弒其君者有之，子弒其父者有之，孔子懼，作春秋。故曰，孔子成春秋而亂臣賊子懼。」董仲舒云：「孔子明得失，差貴賤，反王道之本。故曰，春秋之法，以人隨君，以君隨天，屈民而伸君，屈君而伸天，春秋之大義也。」然

吳虞文錄 卷上 一

吳虞文錄 卷上 二

孔子之修春秋，最爲後世君主所利用者，不外誅亂臣賊子，黜諸侯，貶大夫，尊王，攘夷，諸大端而已。蓋孔氏之志，誠如荀卿儒效篇所謂「大儒之用，無過天子三公」。宜其言如此。至其所作孝經，多君親並重，尤爲荀卿「三本」之說所從出。開宗明義章曰：「夫孝，德之本也，敎之所由生也。」唐玄宗注云：「言敎從孝而生。」其敎之最要者曰：「孝，始於事親，中於事君，終於立身。」玄宗注云：「忠孝道著，乃能揚名榮親，故曰，終於立身。」士章曰：「資於事父以事君而敬同。以孝事君則忠，以敬事長則順。忠順不失，以事其上，然後能保其祿位。」聖治章曰：「父子之道，天性也，君臣之義也。」五刑章曰：「要君者無上，非聖人者無法，非孝者無親，此大亂之道。」正義云：「言人不忠於君，不法於聖，不愛於親，皆爲不孝，大亂之道也。」廣揚名章曰：「君子之事親孝，故忠可

《民国丛书第二编·吴虞文录·家族制度为专制主义之根据论》书影

乱者，未之有。”其于消弭犯上作乱之方法，惟恃孝弟以收其成功。而儒家以“孝弟”二字为二千年来专制政治、家族制度联结之根干，贯彻始终而不可动摇。使宗法社会牵制军国社会，不克完全发达，其流毒诚不减于洪水猛兽矣。

吴虞笔锋杀气腾腾，视儒家传统孝悌之思想为专制政治、家族制度为洪水猛兽。一路杀将过去，吴虞又从“非孝”到“反儒”，势要直捣黄龙，换一个新世界：

《庄子·天运》篇谓“至仁尚矣，孝固不足以言之”，

盖已深悉儒家标举孝弟之真谛，故意极非之。至《商君书·去强》篇，直谓“国有礼乐孝弟，必削至亡”；《靳令》篇直以礼乐孝弟等于六虱；即宋儒谢上蔡，亦言“孝弟非仁”，合于庄子。此岂皆悉属颛蒙而毫无所见者哉？是故为共和之国民，而不学无术，不求知识于世界，而甘为孔氏奴隶之孝子顺孙；挟其游獍怒特蠢悍之气，不辨是非，囿于风俗习惯酿成之不良，奋螳臂以与世界共和国不可背叛之原则相抗拒，斯亦徒为蚍蜉蚁子之不自量而已矣！

吴虞认为，效法西法制度，建立共和之国，成共和之国民，是对旧有礼教制度的瓦解——“共和之政立，儒教尊卑贵贱不平等之义当然劣败而归于淘汰”。如果还囿于做孔子的“孝子顺孙”（指尊孔崇儒的传统礼教派或守旧派），不顺应时代潮流，则无异于螳臂当车、蚍蜉撼树。

那么，吴虞找出求解的办法了吗？找出了。吴虞的答案是“夫孝之义不立，则忠之说无所附；家庭之专制既解，君主之压力亦散，如造穹窿然，去其主石，则主体堕地”，孝，是宗法社会和家族主义的基石，如果重建道德（以孝维系并延伸的三纲五常），则宗法社会和家族主义必然崩塌。孝道体系的坍塌，是解决这些问题的主要根源。这是吴虞“非孝”主要原因。

是故，吴虞自这篇早在1915年7月就完成的《家族制度为专制主义之根据论》[①]文章公开刊登在1917年2月1日《新青年》第二卷第六号始，便彻底掀开了吴虞“非孝”“反儒”的大幕。

①据《吴虞日记》记载，该文完成于1915年7月。之后，投稿于陈独秀创办的《新青年》杂志。

仅以1917年计算，吴虞以《新青年》杂志为阵地，就连续发表了《家庭制度为专制主义之根据论》（1917年2月1日，发表于《新青年》第二卷第六号）、《读〈荀子〉书后》（1917年3月1日，发表于《新青年》第三卷第一号）、《消极革命之老庄》（1917年4月1日，发表于《新青年》第三卷第二号）、《礼论》（1917年5月1日，发表于《新青年》第三卷第三号）、《儒家主张阶级制度之害》（1917年6月1日，发表于《新青年》第三卷第四号）和《儒家大同主义本于老子说》（1917年7月1日，发表于《新青年》第三卷第五号）5篇“非孝”“反儒”专文。

随之，偏居西南一隅的吴虞也声名鹊起，从四川成都一个国文教员、落魄文人的角色，瞬间红遍全国，成为新文化运动中的“非孝”斗士、“反儒”急先锋。

之后，吴虞于1919年五四运动爆发这一年，“非孝”“反儒”事业也抵达了巅峰。

1919年11月1日，吴虞在《新青年》第六卷第六号上发表《吃人与礼教》一文，可视为其巅峰之作，也常常被视为这一时期“非孝”“反儒”的“战斗檄文”。

吴虞《吃人与礼教》一文的主导思想继承了鲁迅先

生的衣钵。1918年5月15日，鲁迅先生在《新青年》第四卷五号上发表揭示封建礼教的“吃人”本质的短片白话小说《狂人日记》。吴虞读过之后，便有感而发写下了这篇著名的“战斗檄文”——《吃人与礼教》。其在开篇中即点题：

我读《新青年》里鲁迅君的《狂人日记》，不觉得（不自觉地）发了许多感想。我们中国人，最妙是一面会吃人，一面又能够讲礼教。吃人与礼教，本来是极相矛盾的事，然而他们在当时历史上，却认为并行不悖的，这真正是

新青年
LA JEUNESSE
第六卷第六號
上海群益書社印行
吃人與禮教

1919年11月1日，吴虞在《新青年》第六卷第六号上发表《吃人与礼教》一文。

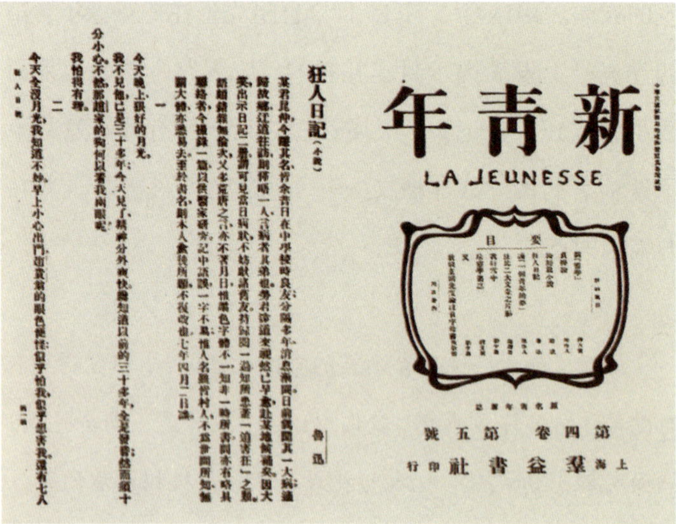

1918年5月15日，鲁迅先生在《新青年》第四卷五号上发表短篇白话小说《狂人日记》。

奇怪了！

《狂人日记》内说："我翻开历史一查，这历史每页上都写着'仁义道德'几个字。仔细看了半夜，才从字缝里看出字来，满本都写着两个字，是'吃人'。"我觉得他这日记，把吃人的内容和仁义道德的表面看得清清楚楚。那些戴着礼教假面具吃人的滑头伎俩，都被他把黑幕揭破了。

紧接着，吴虞通过历史上的史实或事件，描述了礼教如何吃人的事情，以兹佐证"吃人与礼教"之关系。这也是吴虞对鲁迅《狂人日记》的阐发和释读中，最大的价值和意义所在，进一步明确了吃人与礼教的关系，即吃人等于礼教。诚如其言"历史上和社会上表面讲礼教，内容吃人肉的”，于是喊出：

到了如今，我们应该觉悟！我们不是为君主而生的！不是为圣贤而生的！也不是为纲常礼教而生的！什么“文节公”呀，“忠烈公”呀，都是那些吃人的人设的圈套，来诳骗我们的！我们如今应该明白了！吃人的就是讲礼教的！讲礼教的就是吃人的呀！

表面上看，《吃人与礼教》与“非孝”没有多大关系，在其《日记》里，他也常以反孔自诩：“反对孔丘，实获我心。四川反对孔子，殆自余倡之也。”但是，“反儒”也可以视作“非孝”，终究“孝”是儒家思想和纲常名教的内核，孝与忠、孝与仁义道德等，是“你中有我，我中有你”的关系。在泛道德范畴里，孝无所不包。诚如吴虞所引《大戴记》所言：“居处不庄，非孝也；事君不忠，非孝也；莅官不敬，非孝也；朋友无信，非孝也；战阵无勇，非孝也。”

川籍历史学家唐振常先生在《章太炎吴虞论集》中如是评价吴虞：“（吴虞）侧身新文化运动，功在反儒，他反儒的核心，在于非孝。”这一论断可谓切中要害。

因此，在新文化运动时期，吴虞的“非孝”思潮最为猛烈、最为激昂，一时，“吃人与礼教”一词成为流行语，被广泛传播，并极大地影响了当时的学术思潮。

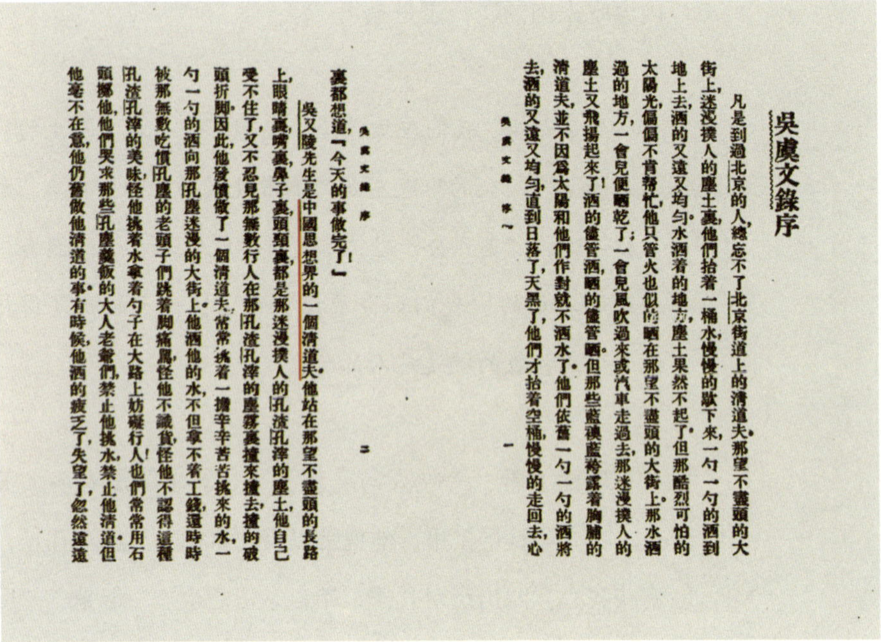

吳虞文錄序

凡是到過北京的人，總忘不了北京街道上的清道夫。那望不盡頭的大街上，迷漫撲人的塵土裏，他們抬着一桶水，慢慢的趾下來，一勺一勺的洒到地上去，洒的又遠又均匀。水洒着的地方，塵土果然不起了，但那酷烈可怕的太陽光，偏偏不肯幫忙，他只管火也似的曬在那望不盡頭的大街上。那水洒過的地方，一會兒便曬乾了；一會兒風吹過來，或汽車走過去，那迷漫撲人的塵土又飛揚起來了！洒的儘管洒，曬的儘管曬。但那些藍襖藍袴露着胸膛的清道夫，並不因爲太陽和他們作對就不洒水了。他們依舊一勺一勺的洒將去，洒的又遠又均匀，直到日落了，天黑了，他們才抬着空桶，慢慢的走回去，心

吳虞文錄　序　一

吳虞文錄　序　二

裏都想道，「今天的事做完了！」

吳又陵先生是中國思想界的一個清道夫。他站在那望不盡頭的長路上，眼睛裏，嘴裏，鼻子裏，頭頸裏，都是那迷漫撲人的孔渣孔滓的塵土，他自己受不住了，又不忍見那無數行人在那孔渣孔滓的塵霧裏撞來撞去，撞的破頭折脚。因此，他發憤做了一個清道夫，常常挑着一擔辛辛苦苦挑來的水，一勺一勺的洒向那孔塵迷漫的大街上。他洒他的水，不但拿不着工錢，還時時被那無數吃慣孔塵的老頭子們跳着脚痛罵，怪他不識貨，怪他不認得這種孔渣孔滓的美味，怪他挑着水拿着勺子在大路上妨礙行人！也們常常用石頭擲他，他們哭求那些孔塵裏飯的大人老爺們，禁止他挑水，禁止他清道。但他毫不在意，他仍舊做他清道的事。有時候，他洒的疲乏了，失望了，忽然遠遠

《民国丛书第二编·吴虞文录》中，胡适先生所作《〈吴虞文录〉序》一文。

吴虞本人也深受其利，声誉日隆，一度被视为“非孝先锋”“反孔偶像”。这也是胡适先生为《吴虞文录》作叙时，一度称赞其为“中国思想界的一个清道夫”“四川省只手打孔家店的老英雄”的原因所在。

随着吴虞的“非孝”思潮轰动以及其本人的声誉日隆，受到学术思想界的广泛关注，使他得以走出西南一隅之地，受邀北上京城到北京大学任教，并体会到当时学界诸多大咖人物如胡适、马幼鱼、沈尹默、沈兼士、沈士远、钱玄同、周作人、李大钊等人的热情。

然而，在这位时代人物的背后，却有诸多难言之隐和坎坷的人生历程。在吴虞受邀前往北京大学任教前后，

在吴虞的私人生活中也发生两件与孝道相关的事件。

事件之一：吴虞与其父亲吴兴杰因争夺家产，互诉公堂。起因源于其父吴兴杰，一度任富顺县教谕，因私德有亏，被解职赋闲在家。

1893年，依据《大清律例》有关田宅条款以及在族人的见证下，吴兴杰把家中田产分给诸子，仅留60余亩田地作为养老之用。之后，吴兴杰又纳妾娶小，败光自留养老财产，便想收回成命，把分给儿子的田产要回来。为解决家庭纷争，吴虞把父亲吴兴杰接到自己所分家宅中居住。吴兴杰把吴虞赶出家宅，迫于无奈，吴虞携带家口移居到新繁乡下居住。

事情到此并未结束，吴兴杰想彻底霸占家产，一纸诉状，将吴虞告上公堂，彻底索回或霸占吴虞名下更多的家产。这一时期，吴虞的内心是凄楚的，现实与其“非孝”“反儒”的思想纠葛不清，他在《日记》中如是写道：“魔鬼一早下乡。心术之坏如此，亦孔教之力也。”魔鬼，就是指的他的父亲吴兴杰；孔教，即指儒家礼教。

1910年，家产纷争未有结果，吴虞反诉一状，将其父亲吴兴杰告上公堂，诉讼理由是：父亲行为不端，败光家产之后，通过诅咒、虐待等手段将吴虞夫妇赶出家宅，还想逼迫其交还更多的家产。显然，吴虞“儿子告老子”的行为受到当地尊孔崇儒守旧派的攻击，视其为大逆不道、不孝之人，谴责之声四起。无奈之下，深受传统礼教之害的吴虞写下《家庭苦趣》一文，讲述家产之争的起因与经过，并油印散发乡邻，以证清白。

结果，四川教育总会以吴虞“扬亲之过”（传统礼教社会讲家丑不可外扬）罪名诉之公堂，官府下令派兵缉拿吴虞，并发公文称“移文各省逮捕”。无可奈何的吴虞不得不逃之夭夭。

就是因为这件事情，在时任四川教育总会会长徐炯[①]主导下，言其“豺狼不食”，扬称“士林耻与之为伍”，并势将吴虞驱逐出教育界。

因在四川教育界“臭名昭著”，成为“异端分子”之后，吴虞一度被迫离开教育界（失去教员职务），隐居乡下。直到1917年，吴虞在《新青年》杂志连发5篇“非孝”“反儒”文章受到学界关注，声誉日隆之后，到1918年8月的时候，吴虞才有了重返学校教书的机会。但是，其受到当时四川地方传统礼教派的排斥与攻击并未停歇。这恐怕是1921年吴虞出走四川，前往北京大学任教的原因之一。

事件之二：吴虞在北京任教期间，多

①徐炯（1862—1936），字子休，号蜕翁，别号霁园，华阳县（今成都市）人。早年于江南会馆设私塾，命名为泽木精舍，以授徒为业。1905年，创办四川通省师范学堂，任学堂首任监督（校长）兼四川高等学堂教席；后附设高等小学堂，兼任小学堂校长。其后，徐炯又在成都创办华阳县中国学会、大成会、大成学校等。1912年，中华民国建立后，任四川教育会会长。贵为近代教育家的徐炯，一生以“尊孔崇儒”为己任，在教育事业上致力于传播中国传统文化。清末民初时期，徐炯是成都著名“五老七贤”之一。

次与两个女儿出现冲突和矛盾。一是，1923年1月14日，其女吴棱因晚间观看电影，父女二人大起干戈，吴虞在《日记》中写道："观剧既非所宜，况于半夜……妇女且不许，况于女子，况于夜间哉！"由此与女儿断绝父女关系。显然这一事件，吴虞又拿起纲常名教大旗，以"违犯教令"礼教条款——"祖父母、父母有所教令，于事合宜，即须奉以周旋，子孙不得违犯"——教育子女，又以断绝父女关系相威胁。二是，1923年10月12日，其远在法国读书的女儿吴楷因生活费用紧缺，来信向父亲要生活费，他却在《日记》中如是写道："诸女不能相助，反累责无已，且欲革命，尚得谓之有人心乎？"大意是，指责女儿不能尽孝，却反过来连累自己。

从吴虞的行为来看，以"非孝""反儒"自居的吴虞倒是走了一条不同寻常之路——因与两个女儿关系的问题，恐怕是吴虞在北京学术圈里地位斗转急下的因素之一；因其在北京诸所大学所讲授的国文课程古板、枯燥、缺乏新意，并不受已经有了自由进步、独立思想的青年学子待见，恐怕是吴虞无法再继续待在北京教育界的又一因素；两相叠加，这一切似乎都是这个自诩"反儒"急先锋所没有预料到的，但他也不得不接受现实，做出决断——离开北京。

1924年7月，曾为其《文录》作序的胡适先生以及在其《日记》中经常出现的马幼鱼先生等，并没有为其送行，在孤独落寂中，吴虞一个人独自离开北京，回到老家四川。这一年，吴虞53岁。

回到四川之后，1926年起，吴虞曾任教于四川大学、成都大学。但是，其当年与父亲吴兴杰那一段过往之事，并没有被当地尊孔崇儒的守旧派所释怀，依然对其大肆排挤打击。1933年，吴虞又一次失去教员职务，赋闲在家，蹉跎岁月。

这位在新文化运动中曾经一时风光无两的风云人物——吴虞，于晚年却落得如此落魄，还屡屡因其“非孝”“反儒”的思想与其现实中的人生际遇如此相重叠。人们也常常把这两次事件视为其对“非孝”“反儒”的亲身实践，不知这其中多少褒贬或戏谑成分？

据说，吴虞一生两女，无子。晚年的吴虞为了求得子嗣，以“广纳妾，求巫卜”的手法，祈求得一子嗣。可惜，天不遂人愿，终其一生，未有育子。

最具戏剧性的是，1920年1月1日，吴虞在四川成都《星期日》①杂志上发表《说孝》一文，曾对传统礼教纳妾制度和以延续香火为孝，进行过激烈的批判：

男子娶妻是一方面为父母娶的，一方面为子孙娶的，自己全不能做主，那自由恋爱的婚姻更说不上了。这种主张，便生出以下的几种大病来了：（一）以有后为孝，凡无子的人，无论他有养育子女的智识能力与否，都必

①1919年7月13日，少年中国学会成都分会创刊《星期日》，吴虞也积极参与《星期日》的相关编辑事宜，并把其视为其“非孝”“反儒”的论辩阵地之一。《星期日》杂志，是“民国四大刊”之一。

不可不养子。（二）以有后为孝，凡无有养妻子的财力，早已娶妻，使数千万男女常陷于贫困，辛辛苦苦，苟全性命，以度无聊的生活。（三）以有后为孝，即必行一夫多妻和蓄妾的制度。（四）因崇拜祖先而以有后为孝，遂流于保守，使四万万人作亿兆死人之奴隶，不能自拔。

只是不知道，一贯“非孝”“反儒”，怎能又承继了儒家孝道学说核心——“不孝有三，无后为大”这一观念呢?

斯人已逝，业已无法去追问他内心真实的想法如何?但需要肯定的是，传统孝道学说，自吴虞起，彻底衰败没落了。同时，他的“非孝”“反儒”理论和思想也为后来之儒学发展与民间孝道文化的重新建立，带来了更大的动荡和冲击。这一点却是毋庸置疑的。

此也即今天谈新文化运动，不能不谈吴虞；谈传统孝道的没落与其后的打孔非儒，也不能不谈吴虞的原因所在。

国民政府时期的孝道文化

在经历了朝代更替（清代灭亡，南京临时政府建立）、袁氏当国（袁世凯北洋政府）、北洋军阀割据（内忧外患之际）以及五四新文化运动（内忧外扰、列强蚕食）等亟待“待从头，收拾旧山河”的时期后，以国民党蒋介石为总司令的国民革命军全面开启北伐战争（1926 年 7 月 9 日—1928 年 12 月 29 日）。国民革命军一路过关斩将，连克长沙、武汉、南京、上海等地；消灭直系军阀吴佩孚和孙传芳主力军；兼并西北军阀冯玉祥和山西军阀阎锡山；击溃奉系军阀山东“狗肉将军”张宗昌，逼迫奉系军阀张作霖退回东北……国内破败、混战的残局得以收拾。

其间，于 1927 年 4 月 18 日，国民党在南京建立国民政府，替代北洋军阀统治中国，史称中华民国南京国民政府[①]。

虽然，北伐胜利，基本解决了国内四分五裂的局面，但面临的政治、经济、文化、法律、教育等破坏和断层问题依然严重，不可忽视。

其中，传统礼教及孝道文化，早已消失于法律（法典）

①中华民国国民政府，由孙中山于1925年7月1日在广州成立。1927年4月18日，建立南京国民政府之后，至1948年5月20日，主要由蒋介石为首的国民党掌控和领导。

图为南京国民政府旧址，位于今南京市中山路。

之外，在民间已基本失去信仰与追求，在学术界也被批得体无完肤、伤痕累累。这当然也是以蒋介石为首的国民政府需要解决的问题之一。

更为重要的是，外部环境似乎也需要找回一点信仰与共识，特别是列强瓜分中国之后，随之而来的是日本全面发动的侵华战争，于是——20 世纪 30 年代，以蒋介石为首的国民政府，在全国可控制范围内推行“四维八德”——这当然也可以归因为政治需求。

从传统文化延承角度看，儒家道德规范和价值体系经过长期积淀和熏陶，已根植于国人的灵魂深处。是故，蒋氏政府采取“四维八德”这一方略有很深的信仰与共识根基。《老子》言：“大道废，有仁义；智慧出，有大伪；六亲不和，有孝慈；国家昏乱，有忠臣。”当清末民初一度发生道德失范和信仰危机，则势必引发对传统儒学和传统文化的重新思考，反弹业已成为趋势。彼时尊孔崇儒的复古思潮迭起，便是最显著的例子。

英国社会学家、思想家安东尼·吉登斯[①]在其所著《现代性的后果》一书中写道：

> 传统是惯例，它内在地充满了意义，不仅仅是为习惯而习惯的空壳。时间和空间不是随着现代性的发展而来的空洞无物的维度，而是脉络相连地存在于活生生的行动本身之中。惯例性活动的意义既体现在一般意义上对传统的尊重乃至内心对传统的崇敬上，也体现在传统与仪式的紧密联系上。仪式对传统常常是强制性的，但他又是令人深感安慰的，因为它注入的是一整套具有圣典性质的实践。总的说来，就其维系了过去、现在与将来的连续性并联结了信任与惯例性的社会实践而言，传统提供了本体性安全的基本方式。

这段论述，可证推行“四维八德”，与过去传统的传承路径、现实的国情以及国人的生活与政治都有着连续性和惯例性的维度。

①安东尼·吉登斯，1938年1月18日生于英格兰伦敦北部，早年曾在赫尔大学、伦敦经济学院和剑桥大学学习；后任剑桥大学教授。安东尼·吉登斯是著名社会学家，也是当今世界最重要的思想家之一，他对当代社会学领域做出了卓越贡献，是约翰·梅纳德·凯恩斯以来最著名的社会科学学者。

从连续性和惯例性的维度看，“四维”之说，始于春秋。《管子·牧民》有言：

国有四维，一维绝则倾，二维绝则危，三维绝则覆，四维绝则灭。倾可正也，危可安 也，覆可起也，灭不可复错也。何谓四维？一曰礼，二曰义，三曰廉，四曰耻。礼不逾节，义不自进，廉不蔽恶，耻不从枉。故不逾节，则上位安；不自进，则民无巧诈；不蔽恶 ，则行自全；不从枉，则邪事不生。

《管子·国颂》亦言：

凡有地牧民者，务在四时，守在仓廪。国多财，则远者来；地辟举，则民留处；仓廪实，则知礼节；衣食足，则知荣辱；上服度，则六亲固；四维张，则君令行。故省刑之要 ，在禁文巧；守国之度，在饰四维；顺民之经，在明鬼神、只山川、敬宗庙、恭祖旧。不务天时，则财不生；不务地利，则仓廪不盈。野芜旷，则民乃营；上无量，则民乃妄。文巧不禁，则民乃淫；不璋两原，则刑乃繁。不明鬼神，则陋民不悟；不只山川，则威令不闻；不敬宗庙，则民乃上校；不恭祖旧，则孝弟不备。四维不张，国乃灭亡。

从《管子》一书中的“四维”说，可以看出，四维由礼、义、廉、耻总纲其成。国家者，必有四维。如果“四维张，则君令行”，“四维不张，国乃灭亡”。“八德”者，则为具体道德行为规范，包括忠、孝、仁、爱、信、义、和、平“八德”。“八德”者，也是儒家伦理经过长期演变、实践、总结而成，具有普适性的民风基础。

从外部环境看，考诸当时中国内外形势，中国大有灭亡之势。挽救中华民族于既倒、救亡图存之际，蒋介石提出“四维八德”大有用意。

1934年7月13日，蒋介石对庐山军官训练团①讲话，发表主旨《抵御外侮与复兴民族》的演讲时，其中，有这么一段陈述：

当明治维新之始，他们朝野一般革命党人，有一个口号，指明他们救亡图存的大道，与全国国民军人努力的目标，就是“尊王攘夷”。同时，在教育方面，他们更提出一句口号来做全国一切教育的中心思想，和基本精神，就是“忠君爱国”。当时他们全国的国民和军人的思想，就是在这两个口号之下，调整统一，精神亦就在这两个口号之下团结一致，共同努力。因此他们的国家有了灵魂，有了一个致富图强之精神的基础。所以我们要晓得，敌人不仅是有物质的力量，而且同时他更有精神的力量，这就是我前次所讲的，他们有一个武士道来做立国的精神。不过我前次已经告诉你们，武士道只

① 蒋介石从1934年开始执行军队编组六十个新式师的既定计划，准备和日本决战。与此同时，蒋介石为了培养新式军官，提高现有军官的素质，开办了庐山军官训练团。

是窃取我们中国一部分固有道德而成的偏颇不全的东西，我们如果能恢复天生整个的完善的固有道德，唤醒了至大至刚至中至正的国魂，当然可以战胜他们毫无问题，这一点你们不好忘记……日本他们拿“忠君爱国”四个字作为一切教育的主旨，陶铸国家的灵魂（大和魂）和军人的精神（武士道），在初期完成了“尊王攘夷”转

蒋介石，幼名瑞元，谱名周泰，学名志清，后改名中正，字介石。浙江奉化人，图为1925年的蒋介石。

弱为强之维新的大业，以后更移转目标对外侵略，先后打败了中国和俄国，不到四十年的工夫，居然就能雄飞东亚，到现在甚至要做唯一的盟主，虽然他们的对外侵略的一切行动，是我们绝对反对的，但是这种转贫为富、转弱为强的事业及其精神，是值得我们研究和效法的。我们现在没有君，当然谈不到“忠君”，但是我们是以党治国，党就是国家一个最高的组织，也就是国内一切权力与全国国民的信仰和精神之所归宿。因此我们现在可以提出一个口号，悬为救国复兴的根本精神，和今后一切教育的主旨，就是“忠党爱国”。意思就是说，我们全国的国民尤其是全国的军人，今后一定要共同一致地忠于三民主义、忠于中华民国。

蒋介石这段陈述，基于对明治维新成功的经验借鉴。从大环境看，彼时，日本处于封建军阀割据、各自为政局面，这与中华民国政府初期军阀割据、混战局面类似。日本通过明治维新走向复兴富强。当时明治政府也的确采用如蒋介石所言的一系列意识形态，来提高军人的“忠君爱国”思想。

最重要的是，蒋介石想通过效法日本明治维新，在国内推行“忠党爱国”思想，抵御侵略、驱逐日本，诚如蒋介石演讲主旨《抵御外侮与复兴民族》，其用意甚明。当时的国内外环境——1934 年 1 月 19 日，日本关东军扶植末代皇帝溥仪复辟帝位，称康德皇帝，将“伪满洲国”改称为“大满洲帝国”；同年3月1日，溥仪在长春就任“大满洲帝国”皇帝，标志着日本已开启入侵中国模式——推动了蒋氏政府以“传统忠孝”为根基，凝聚中华民族力量，激励人人“为国家、为民族、为革命、为主义而奋斗牺牲”，实现“做人、救国、成功、立业”四体合一的“抵御外侮与复兴民族”的策略。

因此，蒋介石在国内开始推行“四维八德”，期冀

图为1938—1939年抗日战争时期的国民革命军。为了鼓励国民革命军全力投入抗日战争，蒋介石于1939年颁发了军中必读手本——《国民革命军人“四要”》，内容即“一要对得起已死的将士；二要对得起总理的灵魂；三要对得起生我的父母；四要对得起痛苦的民众”，蒋介石以忠孝理念激励将士。

在国内树立“礼义廉耻”“忠孝仁义”思想。所谓“忠”者，忠于国家，抵抗列强侵略；所谓“孝”者，凝集中华民族力量抵抗列强的重要手段之一；仁义者，则利于统治和领导，可以看作是维护“忠孝”的道德手段。几千年来的实践经验可以看出，在国破家亡之际，“忠孝”的精神激励是最有效的手段，没有之一。放在列强蚕食、抗日战争时期，更是如此。

在这次讲话一年之后，即 1935 年 11 月 18 日，由蒋介石亲手拟定的《中国国民党党员守则》提经中国国民党第五届全国代表大会通过，并颁布施行。这个《守则》便是“四维八德”的重要载体之一，具体如下：

一、忠勇为爱国之本

二、孝顺为齐家之本

民国时期印行的《中国国民党党员守则》

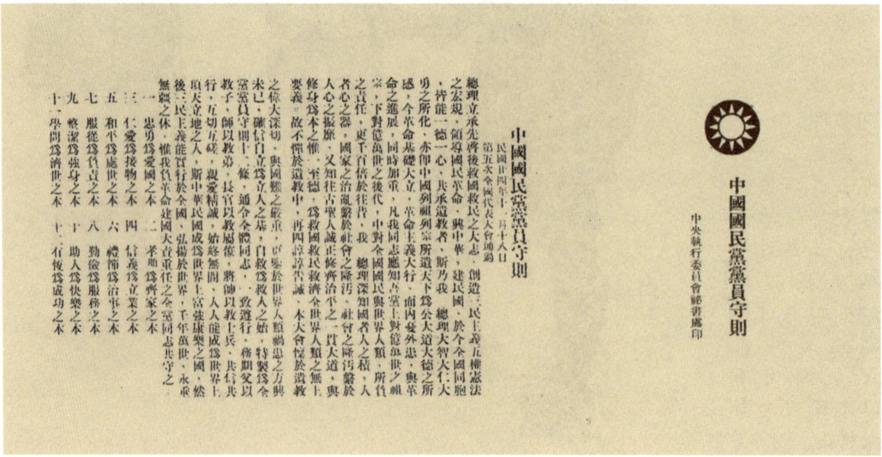

中國國民黨黨員守則

中央執行委員會秘書處印

中國國民黨黨員守則

民國廿四年十一月十八日
第五次全國代表大會通過

總理立承先啓後救國救民之大志，創造三民主義五權憲法之宏規，領導國民革命，興中華，建民國，於今全國同胞，皆能一德一心，共承遺教者，斯乃我 總理大智大仁大勇之所化，亦即中國列祖列宗所遺天下爲公大道大德之所感，今革命基礎大立，革命主義大行，而內憂外患，與革命之進展，同時加重，凡我同志應知吾黨上對億萬世之祖宗，下對億萬世之後代，中對全國國民與世界人類，所負之責任，更千百倍於往昔，我 總理深知國者人之積，人者心之器，國家之治亂繫於社會之隆污，社會之隆污繫於人心之振靡，又知往古聖人誠正修齊治平之一貫大道，與修身爲本之惟一至德，爲救國救民救濟全世界人類之無上要義，故不憚於遺教中，再四諄諄告誡，本大會惕於遺教之偉大深切，與國難之嚴重，更鑒於世界人類禍患之方興未已，確信自立爲立人之基，自救爲救人之始，特製爲全黨黨員守則十二條，通令全體同志，一致遵行，務期父以教子，師以教弟，長官以教屬僚，將帥以教士兵，共信共行，互切互磋，親愛精誠，始終無間，人人能成爲世界上頂天立地之人，斯中華民國成爲世界上富強康樂之國，然後三民主義能實行於全國，弘揚於世界，千年萬世，永垂無疆之休，惟我負革命建國大責重任之全黨同志共守之。

一 忠勇爲愛國之本　二 孝順爲齊家之本
三 仁愛爲接物之本　四 信義爲立業之本
五 和平爲處世之本　六 禮節爲治事之本
七 服從爲負責之本　八 勤儉爲服務之本
九 整潔爲強身之本　十 助人爲快樂之本
十一 學問爲濟世之本　十二 有恆爲成功之本

三、仁爱为接物之本

四、信义为立业之本

五、和平为处世之本

六、礼节为治事之本

七、服从为负责之本

八、勤俭为服务之本

九、整洁为强身之本

十、助人为快乐之本

十一、学问为济世之本

十二、有恒为成功之本

从顺序看，忠放第一位；孝放第二位，这是对以儒家为核心孝道学说的重拾。诚如《守则》纲要所指：

总理（指孙中山，以下引文皆是）立承先启后救国救民之大志，创造三民主义五权宪法之宏规，领导国民革命，兴中华，建民国，于今全国同胞，皆能一德一心，共承遗教者，斯乃我总理大智大仁大勇之所化，亦即中国列祖列宗所遗天下为公大道大德之所感。

今革命基础大立，革命主义大行，而内忧外患，与革命之进展，同时加重。凡我同志，应知吾党上对亿万世之祖宗，下对亿万世之后代，中对全国国民与世界人类，所负之责任，更千百倍于往昔。

我总理深知：国者，人之积；人者，心之器。国家之治乱，系于社会之隆污，社会之隆污，系于人心之振靡。又知往古圣人诚正修齐治平之一贯大道，与修身为本之唯一至德，为救国救民救济全世界人类之无上要义，故不惮于遗教中，再四谆谆告诫。

本大会懔于遗教之伟大深切，与国难之严重，更鉴于世界人类祸患之方兴未已，确信自立为立人之基，自救为救人之始。特制为全党党员守则十二条，通令全体同志，一致遵行。务期父以教子，师以教弟，长官以教属僚，将帅以教士兵，共信共行，互切互磋，亲爱精诚，始终无间。

人人能成为世界上顶天立地之人，斯中华民国成为世界上富强康乐之国，然后三民主义能实行于全国，弘扬于世界，千年万世，永垂无疆之休。

唯我负革命建国大责重任之全党同志共守之。

在蒋介石的主导下，除在国民党党内推行“四维八德”之外，还在儿童、青年学生群体中，大力推行。将“礼仪廉耻”“忠孝、仁爱、信义、和平”作为培育和陶冶儿童、青年国民道德的基本要求。

有人说，蒋介石推行“四维八德”是为其军国独裁主义铺路，“假三民主义之形，行法西斯之实”“假忠孝之名，行专制独裁之实”，这诚然与其政治目的有关，这也与民国初期因袁世凯等人打着尊孔崇儒（主要是忠孝）的旗号，结果却走向复辟帝制有关。

1912年9月20日，在《整饬伦常令》中袁世凯说“中华立国，以孝弟忠礼义廉耻为人道之大经”；1913年6月22日，在《尊孔崇圣令》中袁世凯说“唯此礼义廉耻之防，欲遏横流，在循正轨”，这与蒋氏政府提出的“四维八德”何其相似？

1913年4月，康有为在由其创办的《不忍》杂志上发表《以孔教为国教配天议》一文说：“昔之专制之君主，以其无德无功之祖宗配上帝，今共和之国民，以神明圣王之孔子配上帝，不犹愈乎？故宜复崇天坛，改祈年殿或太和殿为明堂，于冬至祭天坛，上辛祭明堂，以孔子配上帝，义之至也，礼之崇也，无易之者也。”并称“中国人不敬天，亦不敬教主，不知其留此膝以傲慢何为也”，似乎与袁世凯的尊孔、祀孔遥相呼应。事实上，也的确如此。但是，康有为当时却并不赞同袁世凯复辟称帝。不过后来，他又和张勋联合拥立清朝废帝溥仪在北京复辟（1917年7月1日—1917年7月12日），张勋、康有

康有为，原名祖诒，字广厦，号长素，又号明夷、更甡、西樵山人、游存叟、天游化人，广东省广州府南海县丹灶苏村人，晚清时期重要的政治家、思想家、教育家。

为复辟仅仅上演了12天，便以失败告终。但这也为康有为的思想与行为留下诟病的由头，饱受当时与后世的非议，并由此引发出一场关于尊孔与反孔、尊孔与复辟相伴而生、尊孔（旧传统）与共和（新社会）之间能否同生共存的学术思潮。

其中，1917年8月1日，陈独秀在《新青年》第三卷第六号上发表《复辟与尊孔》一文时，便以袁世凯称帝、张勋和康有为复辟失败事件为例，说道："故张、康之复辟也……盖主张尊孔，势必立君，主张立君，势必复辟，理之自然，无足怪者。"有一说一，陈独秀是站在既成事实上立场上来下此判断，如果没有形成既定事实，则不能把尊孔崇儒与复辟独裁相联系。且陈独秀本人未必完全反孔，而是有针对性地、理性地反孔。陈独秀与新文化运动人物之一常乃德在1936至1937年间多次通信，就"古文与孔教"问题探讨。1917年2月1日，《新青年》第二卷第六号刊载陈独秀《再答常乃德（古文与孔教）》的通信："我们反对孔教，并不是反对孔子个人，也不是说在古代社会无价值。""孔学优点，仆未尝不服膺。"20年后，即1937年10月1日，陈独秀在《东方杂志》第三十四卷上发表《孔子与中国》一文石说道："在现代知识的评定之下，孔子有没有价值，我敢肯定地说有。"

话题再回到蒋氏推行"四维八德"，正处于"殷鉴未远"之际，革新派与复古派之间大有"势不两立"之胶着状态，似乎也成为当时与后世对蒋氏推行“四维八德”进行攻讦和“浮想联翩”的原因所在。

蒋介石本人深受儒家传统文化影响。

蒋介石幼年入私塾，接受严格的传统文化教育，读四书五经。

蒋介石在历次演讲中，也常常引用并阐述他对这些传统经典的看法与现实意义，想用自己的行为感染身边的人。1934年9月11日，蒋介石对庐山军官训练团发表主旨《大学之道》讲话时说：“我回想以前幼年时候，先生教我读《大学》《中庸》，不知道背诵过多少遍。我到十八岁的时候，先生重新要我再读这一本《大学》……到了二十八岁的时候，总理（指孙中山）为我们讲明《大学》一书的价值，我重新又来看。”

作为“侍亲至孝”的蒋介石对《孝经》更是偏爱有加，屡在《日记》中提及——

1934年5月13日，蒋介石在《日记》中写道“晚诵《孝经》立身行道，扬名于后世，以显父母，孝之终也”；

1934年6月14日，蒋介石母王太夫人忌辰日，蒋氏手书《孝经·开宗明义章》，并在《日记》中写道“甚思遗留后人，使其孝弟立业，以补吾过也”；

1943年7月4日，蒋介石在《日记》中写道“本周诵读《孝经》，更有心得，可见经书在晚年诵读，更能领会圣人作书之要旨也”；

……

对于自己不能尽孝，蒋介石也多次在《日记》中表达哀伤、自责之情——

1934年2月19日，蒋介石在《日记》中写道“不能尽孝于亲，为一生最大之耻辱”；

1956年12月7日，蒋介石在《日记》中写道“后天即为先慈九十三岁诞辰，将如何纪念，唯有以《苏俄在中国：中俄三十年经历纪要》奉献于灵前以慰之，然而亦不能补偿我不孝之罪耶”；

……

由上述所引蒋介石《日记》，可以一窥大略，孝在蒋介石的思想里影响根深蒂固——其个人思想品格

1937年，抗日战争期间，蒋介石在武汉大学阅兵，提振士气。

的底色即由传统文化与儒家孝道学说所构成。

有人说，蒋介石公开场合推行忠孝是伪孝，是以忠孝愚民。这样的论辩，就言论证言论而言，既无法证伪，也无法证实。但是，蒋氏屡次在私人《日记》中提及“孝道”便不能作如此而论。作为个人内心真实思想反映的载体《日记》的真实性程度更高，当是通例。

至此，蒋氏推行“四维八德”，既与当时的时代大环境有关，也与蒋介石个人有关。

至于蒋氏是否“假三民主义之形，行法西斯之实”“假忠孝之名，行专制独裁之实”则另当别论。

引用一段著名历史学家黄仁宇先生在《从大历史的角度读蒋介石日记》一书中对蒋氏的评价：“蒋介石不是大独裁者，他缺乏作独裁者的工具。他也不可能成为民主斗士，他纵有此宏愿，也无此机会。”黄仁宇对蒋介石的“盖棺定论”堪称切中肯綮。

需要指出的是，蒋氏政府由上层政治层面在全国大力推行“四维八德”时，在学术思潮方面，关于儒家学说的探讨也进入理性阶段。反孔反儒、反传统礼教，不再是片面性、绝对性地否定，而是把儒家学说放在学术领域、传统文化的继承与发展方面去探讨，包括传统孝道思想，放在人性、孝行本身去探讨。

其间的政治大环境（蒋氏政府重构传统文化），与学界的学术理性回归，到底是哪一方面影响到哪一方面，哪一方面推动哪一方面改变，不好绝对判断。但是，从孝道学说这一点而言，从非黑即白的争论到一度在民间断层，再到回归学术范畴内探讨，由是开启了近现代新儒家对孝道学说的重新构建，这当是民国政府中后期一大显著特征和进步。

第二　承前启后新儒家

本篇主要讲述了新文化运动时期，在一度否定儒家文化和“非孝”思潮之后，一些学者融合中西方文化之差异，提出新儒学概念，并形成新儒家学派。新儒家的学说对如何继承、发展与弘扬传统文化影响深远，直至今日。

从“子见南子”说起

说反孔、非孔也好，说反儒、非儒也罢，都是要把孔子与儒家文化推倒重来。按照“皮之不存，毛将焉附”的论断，孔子和儒家文化沦陷了，孝道学说焉附？自不待言。

当陈独秀说“忠孝节义，奴隶之道德也”（1916 年 9 月 1 日，《青年杂志》更名为《新青年》，陈独秀撰《新青年》发刊词时语）时，当胡适盛赞“四川省只手打孔家店的老英雄”吴虞（1921 年 6 月 16 日，胡适撰《〈吴虞文录〉序》时语）时，当鲁迅讽刺提倡孝行者“整饬伦纪的文电是常有的，却很少见绅士赤条条地躺在冰上面，将军跳下汽车去负米”（1926 年 5 月 25 日，在《莽原》半月刊第一卷第十期，发表《二十四孝图》一文时语）时，传统孝道文化已经日渐衰微，保守派（墨守成规）和革新派（全盘西化）冲突并未因此偃旗息鼓，非黑即白、非此即彼的论辩立场依然清晰可见。这一现象也是新文化运动以来，最典型的传统文化割裂现象。

这期间，发生了一件说大也大，说小也小的事件，事情起因于林语堂先生所创作的独幕剧《子见南子》，并发表在 1928 年 11 月 20 日《奔流》第一卷第六期上。

“子见南子”出自《论语·雍也》，记载如下：

子见南子，子路不说。孔子矢之曰：“予所否者，天厌之！天厌之！”

《论语》里的这个记载很短，到司马迁作《史记·孔子世家》时，有了一些具体情节：

灵公夫人有南子者，使人谓孔子曰：“四方之君子不辱欲与寡君为兄弟者，必见寡小君。寡小君愿见。”孔子辞谢，不得已而见之。夫人在絺帷中。孔子入门，北面稽首。夫人自帷中再拜，环佩玉声璆然。孔子曰：“吾乡为弗见，见之礼答焉。”子路不说。孔子矢之曰：“予所否者，天厌之！天厌之！”

《孔子圣迹图·礼见南子》，清代同治十三年孔宪兰刻本。

无论《论语》或是《史记·孔子世家》都做了一个史实性描述，对当时的历史背景及事件，先略做解释，是时，孔子正带领弟子周游列国，经过卫国时，卫灵公夫人南子提出见孔子，出于外交礼节，孔子不得已而见之。南子是个什么样的人呢？用现在的话说就是一位大美人，但又风评不好，据《左传·定公十四年》记载“野人歌之曰：‘既定尔娄猪，盍归吾艾豭’”，大意就是暗示南子这个妇人在男女关系上比较淫乱。孔子见的就是这样一位南子。及见完南子后，孔子弟子子路“不说”，就是不悦、不高兴的意思。孔子言“矢”，表示严肃、严正的陈述的意思。然后说了一句“予所否者，天厌之！天厌之！”关于孔子这句话有诸多解析，此处不做过度解读。

林语堂先生便是基于这个历史事件创作了独幕剧《子见南子》。但是，这一独幕剧改变了人设：

南子，组建了“六艺研究社”（招收男女同学），表达其追求个性自由、男女解放的思想，并与孔子大谈“饮食衣冠”“男女关系”的话题；

孔子，则表现出既囧又尬聊的状态，用剧中人弥子的话说“孔夫子今天很快活似的，嘿嘿”，剧中孔子的心理与行为，由子路一问：“那么，为什么不就在这里（卫国）？”孔子一答：“我不知道，我还得想一想……”表现出孔子对于去留的纠结；

子路，人设也不再是“不说”，而是神志昏然、坐

立不安，乃至有那么一点点“心神向往”的着迷……

林语堂先生的这一独幕剧，即便放到今天而言，也非常的时尚、前卫，且具有后现代主义风格。这在林语堂看来，是把作为“圣人”的孔子，还原成一位普普通通、有血有肉的食烟火之人，是一种人性和灵魂本身的回归。

但是，在五四新文化运动的时代大背景下，独幕剧《子见南子》却引发了一场关于孔子形象是与非、尊孔与辱孔的大冲突。

林语堂（左图，1895—1976年），福建龙溪（今福建省漳州市）人，原名和乐，后改玉堂，又改语堂，中国现代著名作家、学者、翻译家、语言学家，新道家代表人物。独幕剧《子见南子》也把林语堂推向风口浪尖，但未受排演新剧波及。1934年，林语堂撰有《关于“子见南子”的话——答赵誉船先生》一文，专门谈及其对《子见南子》风波之看法。

在这篇独幕剧公开发表的半年后，即1929年6月8日，独幕剧《子见南子》在孔子老家大门口——位于孔子故里曲阜的山东省立第二师范学校——在时任校长宋还吾的主导下，搬上舞台。演出前，学校师生还给当地的头面人物或大户人家送去演出票，邀请观看演出，但却绕过了孔子后裔族人。紧接着，又在孔庙奎文阁附近上演了这场独幕剧。

“打孔家店”，打到了家门口，事情就此爆发。孔子后裔、六十户族人联名呈文蒋介石、教育部长蒋梦麟等人，以“侮辱宗祖孔子”为由，控告山东省立第二师范学校以及校长宋还吾。呈文由孔氏族长孔传堉拟就，摘录如下：

呈为公然侮辱宗祖孔子，群情不平，恳查办明令照示事。

图为1929年6月8日演出独幕剧《子见南子》的山东省立第二师范学校礼堂。山东省立第二师范学校位于曲阜城内孔庙东侧，创办于清光绪三十一年（1905年），原由山东巡抚杨士骧饬原兖州府考试东棚改办而成，初名曲阜县官立四氏初级完全师范学堂。1912年，遵教育部规定，易名为山东省立曲阜师范学校。1914年，奉山东省省长蔡志庚之命整顿学务，曲阜师范学校与岱南道属省立兖州、沂州、曹州、济宁师范合并，全省统一命名，改称山东省立第二师范学校。

窃以山东省立第二师范校长宋还吾，系山东曹州府人，北京大学毕业，赋性乖僻，学术不纯，因有奥援，滥长该校，任事以来，言行均涉过激，绝非民党本色早为有识者所共见。

其尤属悖谬，令敝族人难堪者，为该校常贴之标语及游行时所呼之口号，如孔丘为中国第一罪人，打倒孔老二，打倒旧道德，打破旧礼教，打破“民可使由之，不可使知之”愚民政策，打倒衍圣公府输资设立的明德学校。兼以粉铅笔涂写各处孔林孔庙，时有发现，防无可防，擦不胜擦，人多势强，暴力堪虞。钧部管持全国教育，方针所在，施行划一，对于孔子从未有发表侮辱之明文。该校长如此放纵，究系采取何种教育？秉承何项意旨？抑或别开生面，另有主义？传堉等既属孔氏，数典固不敢忘祖，劝告徒遭其面斥，隐忍至今，已成司空见惯。讵于本年（1929年）六月八日该校演剧，大肆散票，招人参观，竟有《子见南子》一出，学生抹作孔子，丑末角色，女教员装成南子，冶艳出神，其扮子路者，具有绿林气概。而南子所唱歌词，则《诗经》《鄘风》《桑中》篇也，丑态百出，亵渎备至，虽旧剧中之《大锯缸》《小寡妇上坟》，亦不是过。凡有血气，孰无祖先？敝族南北宗六十户，居曲阜者人尚繁伙，目见耳闻，难再忍受。加以日宾犬养毅等昨日来曲，路祭林庙，侮辱条语，竟被瞥见。幸同时伴来之张继先生立催曲阜县政府饬差揭擦，并到该校讲演，指出谬误。乃该校训育主任李灿埒大肆恼怒，即日招集学生训话，谓犬养毅为帝国主义之代表，张继先生为西山会议派腐化分子，孔子为古今中外之罪人。似此荒谬绝伦，任意谩骂，士可杀不可辱，孔子在今日，应如何处治，系属全国重大问题，钧部自有权衡，传堉等不敢过问。第对于此非法侮辱，愿以全体六十户生命负罪渎恳，迅将该校长宋还吾查明严办，昭示大众，感盛德者，当不止敝族已也。激愤陈词，无任悚惶待命之至。

除另呈蒋主席（蒋介石）暨内部外，谨呈国民政府教育部部长蒋（蒋梦麟）。

具呈孔氏六十户族人孔传堉　孔继选　孔广璃　孔宪桐　孔继伦　孔继珍　孔传均　孔广珣　孔昭蓉　孔传诗　孔昭清　孔昭坤　孔庆霖　孔繁蓉　孔广梅　孔昭昶　孔宪剑　孔广成　孔昭栋　孔昭锽　孔宪兰[①]

①出自《鲁迅全集·集外集拾遗补编》中《关于〈子见南子〉》一文。

蒋介石收阅呈文之后，并未见诸史料记载其明确态度立场。但是，时任工商部部长孔祥熙力主严办。“风马牛不相及”的工商部部长孔祥熙力主严办，与其是孔子后裔（孔子的第七十五世孙）有关，且与蒋介石有姻亲关系，领会蒋氏思想（蒋氏崇儒尊孔，估计是默认）有关，才有孔祥熙的力主严办，并言：“侮辱我们祖宗，是可忍孰不可忍！”

1929年6月26日，距同年6月8日第一场独幕剧上演不到20天，南京国民政府教育部便发出训令“查明，核办，具报”《子见南子》事件，并委派朱葆勤协同山东省教育厅到曲阜山东省立第二师范学校调查、核办。

据鲁迅先生《关于〈子见南子〉》一文记载，开明派、时任教育部部长蒋梦麟和时任监察院院长蔡元培两先生曾有非正式表态：排演新剧，并无侮辱孔子情事，孔氏族人不应小题大做。

1920年3月，从左至右：蒋梦麟、蔡元培、胡适、李大钊四人在小院门前合影。

这件事情后来闹得很大，《大公报》《华北日报》《新闻报》以及山东《民国日报》《山东党报》等报刊刊登相关新闻与论辩，以致满城风雨、全国皆知，成为一场公共讨论的大事件。

力主严办方，包括蒋介石，可能并通过孔祥熙之言论向外界传递信息；开明派蒋梦麟、蔡元培两先生力主排演新剧无关风化，只关文化。被控告方山东省立第二师范学校及校长宋还吾，与控告方孔氏六十族人，也在媒体上发起多轮舆论之战。

最终结果是，1929 年 8 月 1 日，山东省教育厅发布第一二〇四号训令“省立第二师范校长宋还吾调厅另有任用，遗缺以张敦讷接充”而结束。

这个结果谈不上好，也谈不上坏。用鲁迅先生的说法：“调厅另有任用，其实就是‘撤差’也矣。这即所谓‘息事宁人’之举，也还是‘强宗大姓’的完全胜利也。”由于鲁迅先生撰成《关于〈子见南子〉》一文时，去事件发生不久。实际上，并没有撤差（旧指免职，撤销官职），真实情况就是“调厅另有任用”。

1929年8月21日晚，鲁迅先生撰成《关于〈子见南子〉》一文。该文详述了关于这场独幕剧《子见南子》之争，包括事件始末、结果以及相关方论辩、新闻报道（这篇文章相当于关于《子见南子》事件的资料汇编，鲁迅先生间加按语和短评）等，并发表在1929年8月19日的《语丝》周刊第五卷第二十四期上（延期出版，即正常情况下8月19日出版，但并未出版，所以鲁迅先生该文才得以刊登此期上）。鲁迅先生在这篇文章中也表明了自己的立场和观点：“（孔氏族人呈告文）满纸谎言，毫无实据。谓为‘侮辱孔子’，欲加之罪，何患无辞。纵使所控属实，亦不出言论思想之范围，尽可公开讨论，无须小题大做。且‘确定人民有集会结社言论出版居住信仰之完全自由权’，载在党纲，谁敢违背？该孔传堉等，捏辞诬陷，越级呈控，不获罪戾，而教部竟派参事来曲查办，似非民主政治之下，所应有之现象。”

鲁迅先生之评价自有其客观立场。不能否定的是，这起事件，也表明蒋氏政府的立场——

一、对于社会学术、思想讨论有极高的容忍度，基本限于学术文化范围内讨论，并未波及独幕剧《子见南子》原创作者林语堂先生，即为明证。

二、没有刻意偏袒孔氏族人（实质上象征着尊孔崇儒的守旧派），把追求社会自由、思想进步的山东省立第二师范学校青年群体赶紧杀绝，并允许其进行自我辩护——该校学生发表《山东省立第二师范学生会通电》于全国各团体、学校、报馆等，申明事实，自我辩护；1929 年 7 月 28 日，校长宋还吾发表《为“辱孔问题”答〈大公报〉记者 》等。按照孔氏族人的想法，这个学校都不应该存在了。

三、山东省立第二师范学校校长宋还吾“调厅另有任用”，是一场政治与学术文化自由论辩的博弈结果，取“中庸思想”，以“互相妥协”为原则，结束此番争议。“调厅另有任用”也未食言，次年，即 1930 年，宋还吾被派往青岛任铁路中学校长；1932 年又调任山东省高级中学校长；1937 年，七七事变后，宋还吾南下任湖北中学校长，直至 1938 年 9 月病故于湖北郧阳。

这场表面看似因独幕剧《子见南子》的非孔反儒与尊孔崇儒之间的风波，与传统孝道文化无关，事实上，干系极大。其中《子见南子》风波，还牵涉出曲阜进步青年张贴“打倒旧道德”“打倒旧礼教”的标语问题，以及经国民政府教育部查明并未张贴“打倒孔老二”（“打倒孔老二”这一标语，已经由胡适最初提出“打孔家店”多了一个“倒”字）这样的标语。

打倒旧道德、打倒旧礼教自然包括打倒儒家最核心的学说“忠孝”思想，这也与蒋氏政府一直倡导的“忠孝仁义”“忠党爱国”相矛盾，更何况在20世纪30年初期蒋氏政府开始全面推行“四维八德”思想的时代大背景下。

无论是胡适最初提出的“打孔家店”，或是到后来讹传为“打倒孔家店”，并以“打倒”为词组延伸出来的一系列“打倒”风潮：“打倒孔老二”“打倒旧道德”“打倒旧礼教”“彻底捣毁孔家店”……这种苗头一旦出现，不难想见，会对传统文化（包括传统孝道文化）造成更大的、难以收拾和无法想象的民间撕裂和社会伤害，最终导致传统文化断层。

提出“打孔家店”的胡适先生，也意识到了这一点。

1961年12月4日，胡适在与胡颂平（胡适秘书）谈到“打孔家店”时，再一次说道：“我在《吴虞文录》序文里说吴虞在四川只手打孔家店，并不是我去打倒孔家店。”“打”与“打倒”，一字之差，胡适力争的背后，却是其对待儒家文化的态度。其实在1958年4月10日，胡适就与蒋介石有过一场争论——胡适在台湾就任“中央研究院院长”典礼上，蒋介石在致辞中说：“我对胡

胡适（右图）

先生，不但佩服他的学问，他的道德品格我尤其佩服。不过只有一件事，我在这里愿意向胡先生一提，那就是关于提倡打倒孔家店。当我年轻之时，也曾十分相信，不过随着年纪增长，阅历增多，才知道孔家店不应该被打倒，因为里面确有不少很有价值的东西。”胡适答道：“对打倒孔家店一事，恐怕是误会了我的意思。我所谓的打倒，是打倒孔家店的权威性、神秘性。世界任何的思想学说，凡是不允许人家怀疑的、批评的，我都要打倒。”胡适的意思是，打的是旧有的、禁锢人们的传统文化思想，而并非全盘否定，连“孔家店”都拆了。这也与1921年6月16日，胡适为《吴虞文录》作序时一脉相承：“这个道理最明显：何以那种吃人的礼教制度都不挂别的招牌，偏爱挂孔老先生的招牌？正因为两千年吃人的礼教法制都挂孔丘的招牌，故这块孔丘的招牌——无论是老店，是冒牌——不能不拿下来，锤碎，烧去！”显然“锤碎，烧去”的是思想，而非孔家店。

1962年1月27日，胡适说：“我们的老祖宗孔夫子是近人情的，但是到了后来，人们走错了路子，缠小脚、八股文、骈文，都是走错了路。”

回过头来看，蒋氏倡导“四维八德（四维：礼、义、廉、耻；八德：忠、孝、仁、爱、信、义、和、平）”时，真正汲取了中庸和平思想，既不激进，也不完全守旧，允许不同的声音各有舞台，使得传统文化与新兴文化能够包容并举、和谐共生。

1958 年 12 月 16 日，晚年的胡适告诉胡颂平说：“我年纪越大，越觉得容忍比自由还更重要。”

胡适的这句话，可能也是蒋氏政府无意深究山东省立第二师范学校校长宋还吾及《子见南子》风波事件的具体原因。

这也是由独幕剧《子见南子》导致的最大一场舆论风波个案带给时代的思考，以及其重大历史意义和价值所在——当时的学术文化氛围相对开明，既允许旧的思想存在，也允许新的思想发声。

这样的大环境正好孕育了现代新儒家的出现，其中包括由新儒家孕育出的新孝道文化。

至此，传统孝道文化，经多年地从沉沦到逆转，再从逆转到沉沦，又一次走向光明。

新儒家的思想体系传承

鸦片战争以来，西方文明传播至中国，具有革新思想的士族、学者，开始思考民族与国运、文化传承与融合之际，以一种被动式，或不自觉地开始重新建立儒家学说，后世以新儒家称呼这一流派为新儒家，其学说被称之为新儒学。

广义上讲，新儒家起自鸦片战争至民国时期。狭义上讲，新儒家确立于五四新文化运动以后，1921 至 1949 年期间（一般视为新儒家第一代，详述于后）。

1921 年，被称为“中国最后一位大儒家”梁漱溟（1893 年 10 月 18 日—1988 年 6 月 23 日）出版《东西文化及其哲学》一书，标志着现代新儒家的诞生，梁漱溟也被视为新儒学的奠基人。

1923 年，新儒家的另一位代表人物冯友兰（1895 年 12 月 4 日—1990 年 11 月 26 日）在其导师、著名哲学家、哥伦比亚大学哲学系教授约翰·杜威（John Dewey，1859 年 10 月 20 日—1952 年 6 月 1 日）指导下，并汲取了梁漱溟《东西文化及其哲学》中的哲学理论，完成博士论文《人生理想之比较研究》（又名《天人损益论》），

1941年，从右起叶企孙、冯友兰、吴有训、梅贻琦、陈岱孙、潘光旦、施家炀在清华大学校合影。

并在该篇论文中首次提出“新儒家”概念。这是“新儒家”一词之由来。

2005 年，现代学者、被视为现代新儒家第三代代表人物之一的刘述先（1934—2016 年）在其出版著作《现代新儒学之省察论集》一书中，综合各家之说，将现代新儒家 15 位学者整理成一个“三代四群”的架构：

第一代第一群：梁漱溟、熊十力、马一浮、张君劢

第二群：冯友兰、贺麟、钱穆、方东美

（起止时间：1921 至 1949 年）

第二代第三群：唐君毅、牟宗三、徐复观

（起止时间：1950 至 1979 年）

第三代第四群：余英时、刘述先、成中英、杜维明

（起止时间：1980 年至今）

虽然这个体系没有囊括所有新儒家，比如，著有《伦理学大纲》《当代伦理学说》《中国哲学论文集》等书，被誉为“孝道哲学之父”的谢幼伟；著有《儒家哲学与文化真理》《新儒家的精神方向》等书，新儒家第三代代表人物之一、师承牟宗三的蔡仁厚；著有《儒家与康德》《儒学与现代意识》《儒家思想在现代中国》等书，台湾“中央研究院中国文哲研究所研究员”李明辉等人，皆未纳入刘述先这个现代新儒家体系。但是，现代新儒家学派的发展脉络、代表人物勾勒基本清晰可见。

由现代新儒家学派所发展出来的学术思想，谓之现代新儒学。顾名思义，即用传统儒家学说与西方哲学思想相结合的方法，重新解析儒家文化的学术思想体系谓之新儒学。如方东美所说：“返宗儒家，融合中西哲学，以建立新儒学。”牟宗三亦说：“凡是愿意以平正的心怀，承认人类理性的价值，以抵抗一切非理性的东西（包括哲学思想、观念系统、主义学说、政经活动等），他就是儒家，就是新儒家。”

孝道文化是儒家学说中重要的核心学说和德目。作

为新儒家一派，自然研究、重新阐发传统孝道文化是不可或缺和忽视的一环。其中，新儒家三代群体中的梁漱溟、马一浮、冯友兰、贺麟、谢幼伟、唐君毅、成中英、杜维明等人，在孝道文化上皆有建树，他们从不同视角和层面对儒家孝道文化做了新的注解，肯定了孝在传统文化中的核心地位的同时，又赋予孝在现代社会的价值与意义，这是对孝的现代性创造与发展。可以视之为新孝道学说。

观其大略，单就新儒家的新儒学说——特别孝道学说，追根溯源，可以溯及辛亥革命、中华民国政府之初，由孙中山先生所倡导的三民主义发展而来。

作为政治人物的孙中山，因其民族英雄、民主革命的伟大先驱以及中华民国和中国国民党的缔造者等光环的围绕，人们往往忽略其政治之外的学术思想传承与演变，以及对新儒家的思想体系的形成而产生的深远影响及其意义。

1866 年 11 月 12 日，孙中山生于广东省广州府香山县（今中山市）翠亨村，名文，字载之，号日新、逸仙，又名中山、中山樵、帝象、德明（谱名）。

孙中山幼年接受传统私塾教育，并常与父亲出入澳门，接触西方文化；1878 年，随母赴夏威夷檀香山，接受系统的西方教育。传统私塾与西方教育的双重训练，奠定了孙中山中西文化兼容的思想底色。1883 年，归国

1887年，孙中山（前排左三）与香港西医书院同学合影。

于香港西医书院学习医学；1892 年 9 月，前往澳门镜湖医院，成为一名华人西医。

目睹新旧交替的朝代更迭、西方列强瓜分蚕食中华民族的动荡局面之后，孙中山与鲁迅走了一条相似的道路——弃医。只不过鲁迅弃医从文，从唤醒民族思想上入手；孙中山弃医从社会改革入手，希望通过社会改革，仿效西方政治制度，以图中国富强。

1896 年，孙中山在详细考察了欧美各国经济、政治状况，并通过与欧美各国进步人士接触之后，综合诸家之说，初步形成三民主义理论的基础。

按照孙中山在其《三民主义》中所言：“真正的三

民主义，就是孔子所希望的大同世界。”显而易见，其三民主义思想融合了近代西方文化学说和中国传统儒家学说，而且以儒家学说为核心。

1925年5月19日，近代思想家、改革孙中山三民主义学说为蒋氏政府推行“四维八德”奠定思想理论基础、被视为蒋氏政府“笔杆子”的戴季陶在其所著《孙文主义之哲学的基础》中写道：

中山先生的思想完全是中国的正统思想，就是接近尧、舜以至孔、孟而中绝的仁义道德的思想。在这一点，我们可以承认中山先生是二千年以来中绝的中国道德文化的复活。去年（1924年）有一个俄国的革命家去广东问先生（孙中山）：“你的革命思想，基础是什么？”先生答复他说：“中国有一个正统的道德思想，自尧、舜、禹、汤、文、武、周公至孔子而绝。我的思想就是继承这一个正统的道德思想，来发扬光大的！”

一度担任张之洞外文秘书的辜鸿铭说：

民国成立，系孙中山和张香涛（张之洞，号香涛）的合作。

这句话颇值得玩味：显然，孙中山和张之洞之间没有合作成立民国政府。那么，是什么呢？那就是孙中山充分吸收了张之洞关于儒家学说的观点。张之洞一方面接受西学思想，发起“中学为体，西学为用”的洋务运动；一方面又尊孔崇儒，提倡忠孝思想，恪守以孝治国的传统政治模式。

当孙中山屡次因革命失败、救国无望之后，他把视角又回到传统文化中“忠孝、仁爱、信义、和平”的思想体系上来。这也是辜鸿铭所言“民国成立，系孙中山和张香涛的合作”的背后寓意所在。

孙中山在《三民主义·民族主义》第六讲中阐述了他对传统儒家文化中“忠孝”思想的看法，他讲道：

此刻中国正是新旧潮流相冲突的时候，一般国民都无所适从。前几天我到乡下进了一所祠堂，走到最后进的一间厅堂去休息，看见右边有一个“孝”字，左边一无所有，我想从前一定有个“忠”字。像这些景象，我看见了的不止一次，有许多祠堂或家庙都是一样的。不过我前几天所看见的“孝”字是特别的大，左边所拆去的痕迹还是很新鲜。推究那个拆去的行为，不知道是乡下人自己做的，或者是我们所驻的兵士做的，但是我从前看到许多祠堂庙宇没有驻过兵，都把“忠”字拆去了。由此便可见现在一般人民的思想，以为到了民国，便可以不讲忠字；以为从前讲忠字是对于君的，所谓忠君；

孙中山（前排中间）与新加坡成立的同盟会部分成员合影

现在民国没有君主，忠字便可以不用，所以便把它拆去。这种理论，实在是误解。因为在国家之内，君主可以不要，忠字是不能不要的。如果说忠字可以不要，试问我们有没有国呢？我们的忠字可不可以用之于国呢？我们到现在说忠于君固然是不可以，说忠于民是可不可呢？忠于事又是可不可呢？我们做一件事，总要始终不渝，做到成功，如果做不成功，就是把性命去牺牲亦所不惜，这便是忠。所以古人讲忠字，推到极点便是一死。古时所讲的忠，是忠于皇帝，现在没有皇帝便不讲忠字，以为什么事都可以做出来，那便是大错。现在人人都说，到了民国什么道德都破坏了，根本原因就是在此。我们在民国之内，照道理上说，还是要尽忠，不忠于君，要忠于国，要忠于民，要为四万万人去效忠。为四万万人效忠，比较为一人效忠，自然是高尚得多。故忠字的好道德还是要保存。讲到孝字，我们中国尤为特长，尤其比各国进步得多。《孝经》所讲孝字，几乎无所不包，无所不至。现在世界中最文明的国家讲到孝字，还没有像中国讲到这么完全。所以孝字更是不能不要的。国民在民国之内，要能够把忠孝二字讲到极点，国家便自然可以强盛。

按照孙中山的思想认识："中国固有的道德，中国人至今不能忘记的，首是忠孝，次是仁爱，其次是信义，其次是和平。这些旧道德，中国人至今还是常讲的。但是，现在受外来民族的压迫，侵入了新文化，那些新文化的势力此刻横行中国。一般醉心新文化的人，便排斥旧道德，以为有了新文化，便可以不要旧道德。不知道我们固有的东西，如果是好的，当然是要保存，不好的才可以放弃。"这是孙中山关于对待传统文化、儒家学说（特别忠孝思想）的辩证论述。抛却了一度非黑即白、针锋相对的二分（要么尊孔崇儒，要么非孔反儒）论辩模式。

这一思想引发了之后的社会政治与学术思想两方面的变化与跟进：

一是，蒋介石领导的国民政府在孙中山三民主义思想上，推行"四维八德（忠、孝、仁、爱、信、义、和、平）"之策，意在用传统的忠孝思想，激励将士、鼓舞人民参加到爱国救亡的民族大义上来。

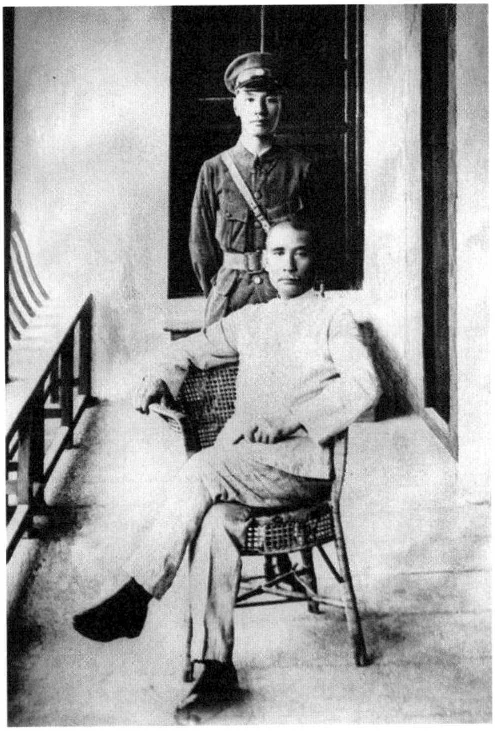

1924年6月16日，黄埔军校成立之际，孙中山坐在学校走廊与蒋介石（站立正后方者）合影。

二是，新儒家的出现，便受孙中山辩证思想的影响，从而创建了新儒学。也要认识到，蒋氏政府推行的“思维八德”的政治意识形态，提供了宽松的、进步的舆论氛围，促进了新儒学的进一步发展。

回顾鸦片战争以来至民国政府建立，以洋务运动为起点，关于孝道的废兴，大致经历了以下五个重要阶段：

第一阶段：孝道衰落。

1905年，废科举，兴学堂，第一次对传统孝道文化造成了民间普遍性的冲击，使得《孝经》消失于传统私塾教育之中，虽然中间亦有反复。

普林斯顿大学社会学教授吉尔伯特·罗兹曼在其《中国的现代化》一书中说：“终止科举制度的行为，斩断了两千多年来经过许多步骤而加强起来的社会整合制度的根基。舵手在获得一个新的罗盘以前就抛弃了旧的，遂使社会之船驶入一个盲目漂流的时代。”这不正是传统文化（包括儒家孝道文化）第一次遭遇到巨大冲击时的现实处境吗？

第二阶段：互相攻伐。

从清末礼法之争，到袁氏（袁世凯）当国，以传统儒家文化为根基，重拾以孝治国的手段复辟帝制，并一度受到传统礼教派的支持，比如孔教派康有为等人思想上的认同，再到以陈独秀、李大钊、吴虞、鲁迅、胡适等人反对以康有为代表的传统礼教学说，进入一个互相攻伐的阶段。

第三阶段：反思阶段。

孙中山对待传统文化，特别是儒家的孝道学说一分为二“如果是好的，当然是要保存，不好的才可以放弃”。打破了旧有的、传统尊卑长幼的封建等级和压迫牢篱，重新赋予了“忠孝”新的释义，为蒋氏政府推行“四维八德”奠定了理论基础。并使得新儒家兴起，有关孝道文化重回理性探讨的阶段，回归人性本身、回归孝道核心价值本身的范畴去探讨。

第四阶段：非孝思潮。

新文化运动以来，在青年学生群体中，非儒、非孝思潮对传统孝道文化造成了致命的冲击，致使孝道文化一度断层。打倒旧传统、打倒旧礼教、打倒旧道德等，一时成为时髦的词汇，在追求自由、科学的同时，对以孝道为纽带的传统宗族制度（或家长制度）造成了空前的破坏。到底是好是坏，实在难以黑白分明地判定。

1920年5月4日，胡适在《晨报副刊》发表题为《我们对于学生的希望》一文时说，在肯定了新文化运动对学生带来正面、积极意义与价值的时候，也反思道："荒唐的中年老年人闹下了乱子，却要未成年的学生抛弃学业，荒废光阴，来干涉纠正，这是天下最不经济的事。"颇值得深思。

第五阶段：重构儒学。

具有灯塔作用的孙中山，除在政治思想领域取得建树之外，为中国传统文化、儒家孝道学说，也开辟了新的学术研究与创造发展方向——在重建国民道德观（包括孝道重建）、重构儒学（或者说重建儒学）中所起到的思想引领的作用和示范意义，不言而喻——从梁漱溟、熊十力、马一浮、张君劢，到冯友兰、贺麟、钱穆、方东美等人，无一不受这一思潮的影响。

1919年，约翰·杜威在中国讲学期间，与胡适（右）合影。胡适在美留学期间，曾师从约翰·杜威。

即便如早期一向坚定反孔的胡适先生，到晚年的时候，也不得不重新思考自己的思想和主张，提出"容忍比自由还更重要"。这里的"容忍"当然不是低头，而是指儒家的"恕道"，是他对孔子和儒家学说重新认识

之后的切身感悟。更何况，一向反对旧礼教、旧道德的胡适先生不也是恪守传统孝道——遵循“父母之命，媒妁之言”与江冬秀结婚（胡适与江冬秀的婚姻未征得胡适同意，由两家老太太所定），并过完一生的吗?

考时代大略，不能忽视每一个历史细节的影响，中国传统文化经数千年演变、沉淀，总有迹可循，即便历经更迭、衰落或兴起，找到了其中的原因，便可摸清其流变路径，寻出其演变轨迹，这是对于儒家学说乃至孝道学说重建的应有之义。否则，凌空高蹈，既无法传承与延续，更奢谈创造与发展了。

这也是孙中山以微小的视角——儒家伦理中的孝道——带给后世的启发意义。

最后一位大儒家

梁漱溟（1893 年 10 月 18 日—1988 年 6 月 23 日），蒙古族，原名焕鼎，字寿铭。

梁漱溟先生是早期新儒学的开拓者、奠基者，正是他的《东西文化及其哲学》一书的思想理论，确立了新儒学与传统儒学泾渭分明的分水岭，被学界视为“中国最后一位大儒家”，并影响了后来一大批新儒家的学术思想，比如冯友兰等。

《东西文化及其哲学》一书成书背景是在新文化运动非儒反孔之际，梁漱溟通过中西方文化比较研究，试图通过西方哲学思想，重释儒家文化的深层精神价值，与彼时社会西方文化进行有机结合，缓解儒家文化与西方文化的剑拔弩张的对峙态势，以辩证思想释放儒家文化的现代意义。基于此，1920 年秋，梁漱溟在北大就此问题做了连续性讲演，1921 年 8 月，又就此题于济南做了四十天讲演，并在两次讲演基础上编纂成书，于 1921 年 10 月出版。

诚如梁漱溟在《东西文化及其哲学·世界未来之文化与我们今日应持的态度》一章中说：“新派差不多就

是倡导西洋化的；旧派差不多就是反对这种倡导的——因他很少积极有所倡导；但我想着现在社会上还有隐然成一势力的佛化派。”梁漱溟所说“佛化派”就是指他自己，其不但一生信仰佛教，对佛学亦钻研很深。这里，梁漱溟不但表明他自己对待儒学的态度和立场，还把自己归为第三方阵营，既不全盘西化，也不完全非儒，而以辩证眼光，重新阐述儒家文化。

梁漱溟在《东西文化及其哲学·西洋中国印度三方哲学之比观》中论述道：

孔子的伦理，实寓有所谓挈矩之道在内，父慈、子孝，

梁漱溟（中间坐者）与学生合影

兄友、弟恭，是使两方面调和而相济，并不是专压迫一方面的——若偏敬一方就与他从形而上学来的根本道德不合，却是结果必不能如孔子之意，全成了一方面的压迫。

这段表述打破传统固有对孝的看法：

一、孝不是单方面的，是互相的。

二、剔除了阶级压迫性的一面，即把传统孝悌之道中尊卑长幼、君臣父子的不对等关系打破了。否则这种根深蒂固的阶级压迫观念不解决，则“数千年以来使吾人不能从种种在上的威权解放出来而得自由，个性不得申展，社会性亦不得发达”，并言“这是我们人生上一个最大的不及西洋之处”的原因所在。

梁漱溟并从权利与义务方面，把西方社会的观念与中国传统社会的观念作了比对：

西洋人是先有我的观念，才要求本性权利，才得到个性伸展的。但从此各个人间的彼此界限要划得很清，开口就是权利义务、法律关系，谁同谁都是要算账，甚至于父子夫妇之间也都如此，这样生活实在不合理，实在太苦。中国人态度恰好与此相反：西洋人是用理智的，中国人是要有直觉的——情感的；西洋人是有我的，中国人是不要我的。在母亲之于儿子，则其情若有儿子而无自己；在儿子之于母亲，则其情若有母亲而无自己；

兄之与弟，弟之与兄，朋友之相与，都是为人可以不计自己的，屈己以从人的。他不分什么人我界限，不讲什么权利义务，所谓孝、悌、礼、让之训，处处尚情而无我。

“处处尚情而无我”，这是梁漱溟把儒家文化与佛教文化相结合的结果，用“儒家讲入世，佛家讲出世”之观念。那么，中国情感式的孝、悌、礼、让就不好吗？非也。梁漱溟说：“虽因孔子的精神理想没有实现，而只是些古代礼法，呆板教条以致偏欹一方，黑暗冤抑，苦痛不少，然而家庭里，社会上，处处都能得到一种情趣，不是冷漠、敌对、算账的样子，于胜任的活气（生气、活力）有不少的培养，不能不算一种优长与胜利。”肯定了儒家文化的精义，回归到孝悌本身之人性色彩。如果把中国情感式的孝悌融合西方文化权利义务对等观念不就完美了吗？这正是梁漱溟所要表达的思想。

这也是梁漱溟对西化派与守旧派论述儒家文化特别是孝道文化时，对两方皆表达了没有触及根底与不满的原因，意思是儒家所倡导的道德观，“无论哪地方的道德家谁都会说，何必孔子？”

于是，在《东西文化及其哲学》之基础上，梁漱溟于 1942 至 1949 年期间开始创作《中国文化要义》一书，该书从集团生活与家族生活层面揭示了中西方的文化传统和生活方式，提出了中国社会是伦理本位社会的哲学论断，肯定了中国文化就是“孝的文化”：

说中国文化是“孝的文化”，自是没错。此不唯中国人的孝道世界闻名，色彩最显，抑且从下列各条看出它原为此一文化的根荄所在：

一、中国文化自家族生活衍来，而非衍自集团。亲子关系为家族生活核心，一“孝”字正为其文化所尚之扼要点出。它恰表明了其文化上之非宗教主义——因宗教总是反对这种家族感情的。它恰表明了其文化上之非国家主义——因国家都要排斥这种家族关系的。

二、另一面说，中国文化又与西洋近代之个人本位自我中心者相反。伦理处处是一种尚情无我的精神，而此精神却自然必以孝弟为核心而辐射以出。

三、中国社会秩序靠礼俗（这里其实就是民间自治的一个问题）。

早在梁漱溟《中国文化要义》一书出版之前，梁漱溟就开始践行他的这一思想体系——以儒家伦理（礼俗）为本位，实施民间自治的形式建设经济——乡村建设。并在此基础上完成了《乡村建设理论》（1937 年）一书，该书主旨便是通过恢复家庭成员之间要互相遵守传统的礼俗来巩固社会秩序，并以“从农业引发工业，更从工业推进农业；农业工业垒为推进，农业乃日进无疆”的

民族复兴之路。也可以说《中国文化要义》是在民间发起自治、搞乡村建设运动的一个实践总结。

山东乡村建设研究院训练部自卫组师生合影

是故，梁漱溟走了一条治学与救国相结合之路——

1931年，梁漱溟在山东邹平创办山东乡村建设研究院（相当于一个培养乡村建设科学技术人才的储备机构），开启乡村建设运动。

梁漱溟通过重塑乡村治理结构（乡村自治）和礼俗陶炼民众精神（民众教育）的方式，进行乡村建设。

梁漱溟倡导的乡村建设也类似于传统社会中的家族自治模式，依托中国社会秩序的现实是依靠传统的儒家孝道伦理（礼俗）为本位来维护的模式——提出“乡村居民”概念，强调“地方乡土”与“家族”关系中的共同性，以形成建立在亲情与乡亲基础上的“乡村共同体”。

山东邹平乡村建设期间，邹平实验县合署办公，用以降低治理成本。

在梁漱溟看来，“伦理关系始于家庭，而不止于家庭”，是故，推行乡村自治与建设便有了根基：在社会上“家庭与宗族在中国人生上占极重要位置，乃至亲戚、乡党亦为所重。习俗又以家庭骨肉之宜推广于其他，如师徒、东伙、邻右，社会上一切朋友、同侪，情义益以重”；在经济上家人、亲戚、朋友“彼此顾恤，互相负责”；在政治上则“举国家政治而亦家庭情谊化之”等。

这些措施，诚如梁漱溟所言“以孝弟为核心而辐射以出”，带有传统家族或宗族以孝而治的色彩，但又与传统社会中的家族自治模式不同，古代社会只有庞大的家族或宗族中占据主导地位的地方乡绅才能搞这样的自治模式，且含有阶级压迫性。而梁漱溟的乡村建设运动则把所有本土民众纳入到了这个体系中来，形成集团作战（团体组织，科学技术）的模式，这也等同于今日的集约化生产模式。

可惜，由于抗日战争爆发以及“（山东）省当局自违其初衷而失败（梁漱溟《我的努力与反省》）”。

山东邹平乡村建设实践失败有诸多因素，但是，梁漱溟以儒家伦理为本位的乡村建设运动的理论与实践，在今天看来，仍然具有极高的内在精神价值与意义——相当于用新儒学的新孝道概念，重塑了孝道在现代社会的精义，并构建了集约化生产模式——乡村自治建设。虽然，这一模式还有诸多缺点待以解决。

梁漱溟说：“有人以清代学术比作中国的文艺复兴，其实文艺复兴的真意义在其人生态度的复兴，清学有什么中国人生态度复兴的可说？有人以‘五四’而来的新文化运动为中国的文艺复兴；其实这新运动只是西洋化在中国的兴起，怎能算得中国的文艺复兴？若真中国的文艺复兴，应当是中国自己人生态度的复兴。”

什么是“人生态度的复兴”？就是儒家伦理（礼俗）为本位、中国文化就是“孝的文化”的复兴。

这也是梁漱溟的贡献——孝，已不仅仅在孝的本身，而是以其为内核，延伸出一系列的社会秩序和民间自治。从这个层面而言，梁漱溟被视为“中国最后一位大儒家”，并非虚言。梁漱溟之后，在儒家孝道文化领域的建树上，业已无出其右者，这也并非虚言。

第三　孝道复兴

本篇主要讲述了 20 世界 80 年代以后，儒家文化的复兴，伴随着儒家文化的复兴，传统孝道文化重新走向社会，民间自发地恢复对传统孝道的尊重与认可——孝被认为是重建家庭亲情关系与修复伦理关系的重要且不可或缺的纽带。

儒学复兴下的孝道文化

在打破“旧文化”“旧思想”“旧风俗”“旧习惯”的时代大背景下，孝道文化一度失去它的存在意义和价值，人际关系中的孝道堪称彻底沦丧，被废除在传统伦理之外。

20 世纪 80 年代，儒学思潮复苏。其标志在两点：

一、传统媒体掀起的儒学讨论热潮。

孔子、儒学等成为学界讨论的热门词汇。媒体上进行广泛讨论孔子与儒家的文章与言论，形成百花齐放、百家争鸣的局面。

二、新儒家群体的作品出版与推介。

早期儒学大家章太炎、第一代新儒家熊十力等人的文集开始整理、出版，这为儒学研究奠定了理论基础。

第三代新儒家、美国哈佛大学教授杜维明于 1985 年开始在北京大学讲授儒家哲学半年之久，并到各地参加学术研讨、发表演说，在媒体传播儒学在现代社会的价值、意义以及未来愿景，为儒学研究工作带来新的方向。

第三代新儒家、香港中文大学教授刘述先也通过多种途径介绍新儒学流派的代表人物、思想理念、学术成果等，使学界逐渐对这个新儒家群体产生兴趣，进而研究。

20 世纪 90 年代，儒学逐渐复兴。

1990 年，第一代新儒家、国学大师钱穆先生在《中国文化对人类未来可有的贡献》[1]一文中认为："以过去世界文化之兴衰大略言之，西方文化一衰则不易再兴，而中国文化则屡仆屡起，故能绵延数千年不断。这可说，因于中国传统文化精神，自古以来即能注意到不违背天，不违背自然，且又能与天命、自然融合一体。我以为此下世界文化之归趋，恐必将以中国传统文化为宗主。"随着钱穆先生的国学热、钱穆热，儒学自然也热了起来。

①《中国文化对人类未来可有的贡献》一文原载于1990年9月26日《联合报》，后被刊登在1991年01期《中国文化》上。

1953年，钱穆（左）与唐君毅（右）在香港新亚书院迎新会上合影。

随着儒学的逐渐复兴，作为儒家文化中的核心学说的孝道文化不再是“犹抱琵琶半遮面”的姿态，开始登上舞台，并形成从学界的学术思潮到芸芸众生皆关注的社会思潮，民间社会的撕裂得以逐渐修复；“在家做个好子弟，在国做个好国民”[1]的社会伦理意识逐渐增强。

①山东邹平乡村建设期间，山东乡村建设研究院编写的乡农用书《识字明理》读本语“在家做个好子弟，在国做个好国民”。

需要指出的是：

一方面，儒学虽然复兴，但是关于孝道文化的研究，并未取得学术上的长足进步，止步于刘述先所构建的“三代四群”这一新儒家群体里（包括未被纳入这一体系的谢幼伟、蔡仁厚、李明辉等人）。即便相关学者有所阐发，也不出“三代四群”群体中有关孝道学说认知的高度。

另一方面，民间实用主义得到发展，民间自发地恢复对传统孝道的尊重与认可——孝被认为是重建家庭亲情关系与修复伦理关系的重要且不可或缺的纽带。孝在民间的自发修复：是基于梁漱溟先生中国文化就是“孝的文化”的价值判断；是基于数千年传承与积淀下来的“集体无意识”；是基于血缘关系的稳固性、连续性及遗传性使得文明传承上得以为继，也是不容争辩的事实。

虽然，其中学术层面也存在这样与那样的不足，但是，有关孝道文化的讨论及民间以孝纾解亲情伦理关系及其进步是值得肯定的。

现代法理上的规定和约束

清末礼法之争，有关孝的表述条例被排除在法典之外，这可能是对已经施行数千年的传统礼法的致命打击。

中国政府在制定出台《中华人民共和国宪法》之际，这一传统伦理再次进入现代社会国家最高层面的法律体系。从 1954 年修正的《中华人民共和国宪法》第二十七条规定“婚姻、家庭、母亲和儿童受国家的保护”的表述，到 1982 年修正的《中华人民共和国宪法》第四十九条规定“父母有抚养教育未成年子女的义务，成年子女有赡养扶助父母的义务”“禁止虐待老人、妇女和儿童”的表述，传统孝道进入《宪法》，不能不说是一巨大进步。自此之后，这一规定和表述，历经修正，皆在《中华人民共和国宪法》框架之内，这也可以视作国家对这一传统文化的继承与发展。

除《中华人民共和国宪法》之外，还有《中华人民共和国老年人权益保障法》等。

1996 年 10 月 1 日起施行的《中华人民共和国老年人权益保障法》，在总则第一条中讲“为保障老年人的合法权益，发展老年事业，弘扬中华民族敬老、养老的美德，根据宪法，制定本法”，既表达了制定该法的目的，也可以说是为了弘扬优秀传统文化而制定的一个专门法律。

其中，《中华人民共和国老年人权益保障法》汲取了中国传统孝文化的诸多精髓。

如在第二章“家庭赡养与扶养”第十条：“老年人养老主要依靠家庭，家庭成员应当关心和照料老年人。”第十一条：“赡养人应当履行对老年人经济上供养、生活上照料和精神上慰藉的义务，照顾老年人的特殊需要。赡养人是指老年人的子女以及其他依法负有赡养义务的人。赡养人的配偶应当协助赡养人履行赡养义务。”这是“孝养”的另一种表述方式。

《论语·为政》记载，子游问孝。子曰：“今之孝者，是谓能养。至于犬马，皆能有养。不敬，何以别乎？”按照孔子的意思，孝养应该包括物质孝养和精神孝养，二者缺一不可。而“家庭成员应当关心和照料老年人”正契合这一精义。

《中华人民共和国老年人权益保障法》虽经多次修正，但上述有关“孝养”的表述内容，皆在其列，并未做大的变动（至多所在条款序列、数目上有所变化）。

如在第三章“社会保障”第二十条：“国家建立养老保险制度，保障老年人的基本生活。”这是对社会养老的法律规定。

理论范畴上讲，社会养老仍然归属于孝道范畴。

早在西周时期，政府便提倡社会养老。《礼记 · 王制》记载："凡养老，有虞氏以燕礼，夏后氏以飨礼，殷人以食礼，周人修而兼用之。五十养于乡，六十养于国，七十养于学，达于诸侯。"从国家层面到地方政府皆有养老义务。《礼记 · 王制》言："养耆老以致孝。"《礼记 · 乡饮酒义》亦言："民知尊长养老而后能入孝弟；民入孝弟，出尊长养老，而后成教；成教而后国可安也。"目的非常清楚，通过政府养老，旨在推动民间孝道风气盛行，所谓"政治教化"就是这个意思。《中华人民共和国老年人权益保障法》关于社会养老的表述，大抵也不出这一表达逻辑，这也是对传统优秀文化的继承方式之一。

总之，上述《中华人民共和国宪法》《中华人民共和国老年人权益保障法》法律条款中，除继承传统孝道文化精义之外，还引入了福利制度以及财产权、自由平等权（婚姻自由等）等现代法的精髓，这是现代法律与传统孝道文化的一个有机、完美结合，也是时代的进步，传统优秀民族文化的再一次魅力彰显。

孝道宣传的正面与反面

随着20世纪80年代儒学复兴，孝道文化从欲拒还迎的羞羞答答，到抛却层层顾虑、撕下面纱，正式走向前台；从1982年《中华人民共和国宪法》的修正，到1996年《中华人民共和国老年人权益保障法》的出台，再到2001年《公民道德建设实施纲要》的印发实施，标志着孝道文化已经从纯粹学术领域探讨，到掀起“飞入寻常百姓家”的民间思潮，孝道又一次完成脱胎换骨的蜕变。

其中，2001年9月20日，印发实施的《公民道德建设实施纲要》指出，这是“提高全民族素质的一项基础性工程”，以期通过“弘扬民族精神和时代精神，形成良好的社会道德风尚”。什么是民族精神？在《公民道德建设实施纲要》的通知中也明确指出“加强社会主义思想道德建设，是发展先进文化的重要内容和中心环节。在新的历史条件下，从公民道德建设入手，继承中华民族几千年形成的传统美德”，传统美德内中机理自然也包含孝道文化，不言而喻。

随着这一时代大背景的演进，有关孝道文化的宣传日渐丰富起来，关于孝道宣传的正面与反面，仍有诸多值得探讨的地方和待解的问题。下文将围绕着这一问题阐述其优与劣、是与非。

一、标语与口号式的孝道宣传。

在今日民间社会，乃至偏远的乡村角落，都可随时看到有关孝道文化的宣传图画或宣传墙——传统的孝道标语，或配以水墨国画的形象，或配以现代漫画风格，使得孝道宣传各放异彩，呈现出一道所独有的民间标语式“街头文化”。

这种标语与口号也是最直白的宣传方式，短期内高曝光率、高覆盖率的优势明显，的确具有视觉冲击率和价值塑造力，让更多人知晓、明白孝道自是没有问题。但是，持续的标语与口号式宣传，其最终的作用有多大，都该打上一个问号。

20世纪30年代，蒋介石政府也一度在民间掀起国民德性建设，在民间大力推行、提倡“四维（礼义廉耻）”和“八德（忠、孝、仁、爱、信、义、和、平）”。1932年7月19日，蒋介石就在日记表露过这方面的想法，他说：“近日甚思提倡复兴运动，与民族德性，而以劳力为主，以礼义廉耻为体，以艰苦忍耐为用，以树立纪律，整齐秩序为目标。欲救中国，如不从救人心入手，则缘木而求鱼也。欲救人心，如不从注重德性入手，则亦不能见效。”蒋介石将民族复兴与民族德性连接在一起。

1934年12月，江苏吴县旅业职业工会新生活运动业余服务团在阊门石路留影。

于是，1934年，蒋介石政府以南昌为首发地，开始在全国大范围推行一场浩浩荡荡、持续多年的“新生活运动”，方法包括标语、口号以及媒体宣传等一系列措施。蒋宋夫妇也亲自上场，大力倡导“新生活”。其中，宋美龄更把推广“新生活运动”当作其政治事业来看待，试图使国人在生活习惯和精神上“脱胎换骨”。

由是看来，蒋氏意图通过标语等宣传口号，改变“民族德性”和“国民习性”十分明显。

那么，效果怎么样呢？到抗日战争爆发前夕，即1936年时，蒋介石不得不承认：“我们现在到处都可以看到新运的标语，而很少看到新运的实效；到处都可以看到新运的团体和机关，却是很少看得见有多数国民确实受了新生活运动的效果。至于一般社会能在衣、食、住、行中表现礼、义、廉、耻的四维，其生活方式能达到军事化、生产化、艺术化，而且厉行劳动服务，具备互助合作的品德，爱国家民族的现代精神，那当然更是少了。”

到1937年的时候，蒋介石又说：“过去的工作，在推行方面，标语多而工作少，方案多而实行少；在推行对象方面，只注意到社会上层，而未及于下层；只注意到通衢马路，而未及于街头巷尾。所以三年来新运的结果，只做到表面一时的更新，而未达到永远彻底的改革。”

蒋介石意识到“新生活运动”面临失败的困境，“标语多而工作少，方案多而实行少”是实情，至于到“只注意到社会上层，而未及于下层；只注意到通衢马路，而未及于街头巷尾”的判断，恐怕不是问题的根源所在。

那么，问题出在哪里？大略有三点：

其一，法学家章渊若在谈及“新生活运动”时说：“只有在一个赏罚分明、贪污绝迹、纪律振肃的国家，社会才有是非，才有公道，而民众才会明礼义，知廉耻。有纪律，守秩序。”这是本源。

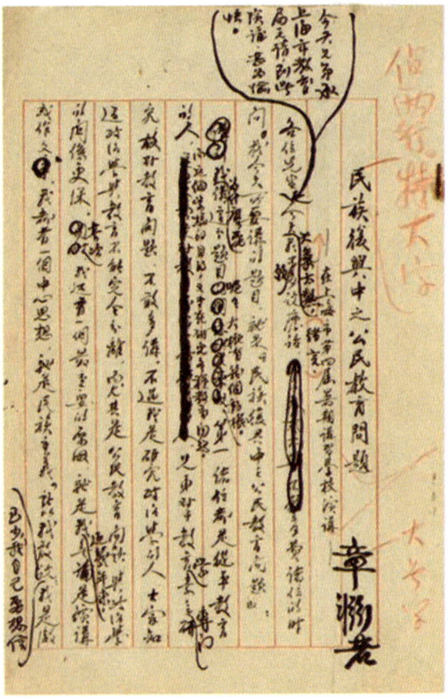
民族復興中之公民教育問題
章淵若

章渊若《民族复兴中之公民教育问题》手稿。章渊若曾就“新生活运动”发表《民族复兴与国民生活之改造》《民族复兴中之基本运动》《民族复兴中之公民教育问题》等文章，谈其观点。章渊若（1904—1996），字力生，江苏省无锡市人，曾任暨南等大学教授、院长。

其二，教育家吴泽霖在谈及“新生活运动”时说：“民族复兴，并不是一件轻而易举的事，绝不是单靠传单、标语、口号等宣传所能济事的。”按照吴泽霖的说法：“中国的文化确有种种的特长，唯与西方各国来周旋，那根本无法可以抵抗他们的强力。所以民族复兴的文化条件，并不在什么保存国粹，而在怎样吸收一种文化使我们能抵抗他们的武力和经济侵略。”当然，限于时代，有其不全面之处，比如什么国粹不能保留，具体涵盖什么等，都需要辨别。凡国粹就是不好的，就要全盘否定，是不全面的。

于今日而言，复兴民族文化，是如何找到传统文化与现代文化相结合的点——既保留传统文化的精义，又能实现新文化（现代文化）的方式。

其三，标语与口号宣传，是浮光掠影式的零碎片段式载体，不成系统、无体系是其软肋，很难使得认知深入人心，并形成积淀。道德、文化，无不如此。

关于这一点——1934 年 4 月 8 日，胡适在《独立评论》杂志上刊登《为新生活运动进一解》的文章中提出了三点意见。兹摘录如下：

第一，我们不可太夸张这种新生活的效能。《新生活须知》中所列内容，“不过是一个文明人最低限度的常识生活，这里面并没有什么救国灵方，也不会有什么复兴民族的奇迹”。做到其中规定的所谓“纽扣要扣好，鞋子要穿好，饭屑不乱抛，碗筷要摆好”之类，不过是学会了一个做人的本分。这就好像做官不贪污乃是做官的本分一样，强调过分，“那是会贻笑于世的”。

第二，新生活运动应该是一个教育运动，而不是一场政治运动。生活是一种习惯，生活习惯的改革，要依靠教育的进步，而不能依靠政府的强制。“若靠一班生活习惯早已固定的官僚政客来开会提倡新生活，那只可以引起种种揣摩风气”，虚夸应付的恶习也会由此而生。

第三，“我们不要忘了生活的基础是经济的、物质的。许多坏习惯都是贫穷的陋巷里的产物。人民的一般经济生活太低了，绝不会有良好的生活习惯。”因此，政府的第一责任，是让老百姓能够生活下去；第二责任，是要提高他们的生活能力；最后一步，才是教他们如何去过所谓的新生活。

胡适先生所谓的“进一解”，对于今日而言，仍然具有非常大的借鉴意义。

单从传播广度和覆盖面而言，今非昔比。今日媒体更加普及，其触角已无所不及，媒体上各种有关孝道的新闻报道、故事讲述及评论，触目皆见。

知古鉴今，回过头来看，关于孝道文化的宣传和中华民族美德的传承，解决的最好办法就是回归到系统的教育训练上来。诚如胡适所言：“生活是一种习惯，生活习惯的改革，要依靠教育的进步，而不能依靠政府的强制。”只有经过系统的教育与精神的陶炼，才能重拾国民道德的“集体无意识”。事实上，儒家的道德规范及其自身的价值体系经过长期的陶冶和积淀，传统道德观念已经形成了国人的“集体无意识”，有其自身的根基与天然的优势，只不过历经冲击与断层，完全恢复需要时日而已，而系统的教育训练无疑是最优选择。

二、树立榜样和模范的孝道表彰。

自先秦至清代，政府一直通过精神和物质两方面进行过旌表民间孝子孝行，见诸史籍记载不乏其例，唐代官方修史以来入正史的“孝友传”“孝义传”或“孝行传”，便成为后代诸朝修史的通例，且是雷打不动的篇目。旌表行为，也似乎成为制度的惯例。

但是，自唐宋以来，旌表孝行也进入滥觞时期，伪造孝行、博取名声、获取权利的事件屡见不鲜。比如《元史》有记载：“诸为子行孝，辄以割肝、刲股、埋儿之属为孝者，并禁止之。”《明史》记载当时礼臣言：“愚昧之徒，尚诡异，骇愚俗，希旌表，规避里徭。割股不已，至于割肝，割肝不已，至于杀子，违道伤生，莫此为甚。”

表面塑造出一副“孝子贤孙”模样，而背后到底孝与不孝便没有人知晓了。面对此之种种可能存在的问题，榜样和模范的作用有多大，也需要重新定位。

至于怎样重新定位，需要基于两方面的判断：

第一、孝道作为人之常伦、公序良俗的重要组成部分，是不是天经地义的事情？如果是，孝行就是做人的基本底线，也是道德底线，无须过度渲染。

第二，诚如《公民道德建设实施纲要》中所指出的那样“加强社会主义法制建设、依法治国的同时，切实加强社会主义道德建设、以德治国，把法制建设与道德建设、依法治国与以德治国紧密结合起来”，法制建设、依法治国是主，道德建设、以德治国为辅，主次分明，轻重有别，缓急有序。

这两点定位清楚了，则民间孝行之风便会昌盛，继承与弘扬中华民族几千年形成的传统美德，自然也就不在话下了。

孝道复兴的路径

20 世纪 80 年代以来，儒学复兴之后，孝道文化复兴随之而来，这是不争的事实。特别是进入 21 世纪以来，无论从学术层面，还是从民间思潮看，孝道文化都得到了长足发展。但不能否认的是，孝道复兴依然有很大的进步空间，依然有很多问题亟待解决。

放宽历史视野，从近百年来儒学（包含孝道）演变轨迹看，儒学每一次的复兴都是伴随着新文化的进步而进步，没有单打独斗、只有儒学进步其他不进步的现象。从儒学复兴过往经验看，儒学的复兴，需要先在学术层面复兴，再由学术层面复兴到民间思潮复兴，民间思潮的复兴才意味着传统文化的复兴。

因此，孝道复兴，需要具备以下几个条件：

一、有关孝道的学术研究，不能脱离整个中国传统文化的背景。

虽说中华文化是“孝的文化”，但论述传统孝道，既要放在传统伦理学的大框架之内，还要纳入儒、道、释及诸子百家的文化，中国文化本身就形成于儒、道、释以及诸子百家。孝道文化在历史形成过程中，便杂糅了诸家思想，在三国魏晋时期，还一度杂糅了玄学家、养生家的思想；鸦片战争以后，孝道文化受到西方文化思潮的影响；同时，孝道也走出国门，在日、韩等国形成了有别于中国的孝道文化和孝道现象。这些思想和现象都值得纳入传统文化体系中来。否则，碎片化的论述，不会构成学术体系；急功近利的媚俗，也不会有学术的复兴。

最明显的例子是，新儒家和新儒学的崛起，带动了孝道文化的复兴，梁漱溟、熊十力、马一浮、张君劢、冯友兰、贺麟、钱穆、方东美、唐君毅、牟宗三、徐复观、余英时、刘述先、成中英、杜维明，以及没有纳入新儒家“三代四群”中的谢幼伟、蔡仁厚、李明辉等人，都没有脱离儒学这一本体，并融通中西哲学，才有在儒学上的建树，以及在孝道学说上视野开阔的宏论。

二、有关孝道的学术研究，要重构学术研究体系，保持传统文化的传承与延续。

20世纪20年代，第一代新儒家的应运而生，既有时代客观因素的影响（比如传统儒学的式微、西方文化的传入等），也脱离不开对传统文化的传承和延续。

在“三代四群”的新儒家中，有很多是师承关系，比如冯友兰就是在梁漱溟的影响下建立了自己的学说，并成为新儒家第一代第二群的代表人物。新儒家第一代第一群代表人物熊十力，有新儒家第二代代表人物牟宗

三、唐君毅、徐复观等弟子；新儒家第三代代表人物杜维明则师从唐君毅、徐复观等；第一代第二群代表人物钱穆，有第三代新儒家代表人物余英时等弟子；第一代第二群代表人物方东美，有第三代新儒家代表人物刘述先、成中英等弟子，唐君毅也曾受业于方东美。这其中师承关系渊源性彼深，传承性、延续性的特征非常突出。这也是所有学术文化得以传承、延续的通例。

由于儒学传承一度在国内遭遇破坏和中断，有关孝道文化的民间思潮也一度断层，导致新儒家“三代四群”之后，不见新儒家，不再出现新儒学的扛鼎之作，也就见怪不怪了。

三、有关孝道的学术复兴，要有深厚的传统文化的系统训练和培养。

以“三代四群”中的新儒家为例，他们自幼便开始接受长期、严格的传统私塾教育，传统文化素养根基深厚，逐渐积淀并形成了自己对传统文化的价值判断。

今天来看，从童蒙时期开始接受长期、严格的传统文化训练已不太可能。这不得不说是一大缺憾，也是传统文化复兴进展缓慢的原因之一。

那么，是不是就无解了？也不全是。“先天不足，后天补缺”，学术传承（高等教育）就是一个很好的途径。在新儒家群体中，无一例外，皆有从事教育工作的经历，特别是他们在高等教育院校从事教育工作中培育了一大批学术人才，这为学术研究提供了储备人才，保证了学术研究得以开展和延续（这也等于用高起点的学术传承弥补长期、严格的传统文化训练的不足），并由学术研究层面向民间思潮方向辐射开来。套用胡适先生的一句话说：传统美德是一种习惯，弘扬中华民族的传统美德，要依靠教育的进步。

如果具备了上述条件，传统文化的复兴，儒家文化的复兴，以及弘扬中华民族几千年形成的传统美德也就具备了良好的土壤。那么，孝道复兴也就是水到渠成之事了。

第四　现代孝道

本篇主要讲述了在现代社会适时地提倡孝道文化，对于缓解城镇化和老龄化社会带来的焦虑，具有一定的积极作用。同时，也要承认，在未来中国社会中，孝道文化已不再可能成为国人的精神基础与支柱。

现代孝道文化的核心

经过百年以来的学术探讨、价值判定，传统孝道的优劣、是非曲直，基本清晰明了。弘扬传统孝道文化也无异议，因为中国的文化就是“孝的文化”，这个是经过学术思辨与理论检验出来的结果。

保留下来的传统孝道，可以视作现代孝道文化。现代孝道文化的核心是剔除了传统孝道文化的封建阶级性、等级性和压迫性（比如尊卑长幼、君臣父子、唯上是从等已经不适宜时代潮流的观念）等，继承并发展了以人为本、权利平等、个人自由、和谐共处的现代孝道理念。

一、关于以人为本。

秦汉以降，儒家思想发生异化——以符合宗法秩序和统治阶级利益，孝的伦理秩序安排是这样的：在家“子孙不能违犯教令”，要维护宗法家族利益；由孝及忠，在国则上忠于君，唯上是从，即臣在君下、民在官下等一系列阶级观念。世俗社会，“父母官”的称呼即源于此，这里面是没有以人为本的思想的，是以官为本、以官为贵、以官为尊的思想，即“官本位”思想。个体或个人是没有谈判权的，只有无条件服从。

现代孝道，打破了宗法制度以及君臣、臣民等阶级观念，回归到以人为本的理念，这一点是至关重要的——伦理秩序与政治需求分割，不再合流。

二、关于权利平等。

古代孝道是没有权利平等一说的。宗法制度下，“家长”掌管予取予夺的生杀大权，一些世家大族或官宦之家，可以对子女、卑幼有施行家法而不受政府管制的法外之权。在礼法体系中，尊长、父母对子女、卑幼造成人身伤害或者致死的行为等，基本不受法律制裁追究，即便同等情况下量刑也远轻于子女。若是子女违反教令，比如《大清律例》规定：“父母控子，即照所控办理，不必审讯。”父母控告子女直接定罪，且无须举证，子女亦无申辩权。至于奴婢、奴隶、雇工更没有地位，比如《大清律例》规定：“奴婢殴打主人，不论有伤无伤，皆斩；杀死主人，不分故杀、殴杀，皆凌迟处死，不准赦免。”若是主人致死奴隶、雇工呢？《大清律例》规定“若奴隶雇工人违反教令而依法决罚，邂逅致死及过失杀者，各无论”，“各无论”即两方皆不追究。

《钦定大清律例》书影，简称《大清律例》，是我国最后一个朝代清王朝的国家法典。

同时，子女在家中没有独立财产权。《礼记·内则》：“子妇无私货，无私畜，无私器，不敢私假，不敢私与。”为什么不能私有财产权呢？因为这也涉及孝。清代马烊《简通录》引《张杨园·训子语》云：“古者父母在，不有私财。盖私财有无，所系孝悌之道不小。无则不欺于亲，不欺于兄弟，大段已是和顺。若是好货财，私妻子，便将不顺父母，而况弟兄，不孝每从此始。”不准私有财产，自唐代便写入法律。《唐律·户婚》：“诸同居卑幼，私辄用财者，十疋笞十，十疋加一等，罪止杖一百。”又《唐律·户婚》：“诸祖父母、父母在而子孙别籍异财者，徒三年。”意思是祖父母、父母健在的时候，子孙不能在另立门户，私有财产，若私有财产“徒三年”。这还算是轻刑，到宋代的时候，一度超越法律之外，有判死刑之例。《宋史·太祖本纪》记载，宋太祖“诏川陕诸州，察民有父母在而别籍异财者，论死”。总之，不准子孙私有财产的法律规定一直延续到清末。

一言以蔽之，古代法律条文对尊长、父母的行为限制、约束较少，对子女、卑幼等则有较多的严苛法律条文规定，甚至于超出人之常情。

现代立法精神，打破了传统的以孝为主的禁锢礼法观念，在财产权上体现了现代法的精髓——权利平等概念，这在相关民事法以及《中华人民共和国老年人权益保障法》中都有明确规定。

现代孝道，提倡权利平等，并且是一种义务对等的关系，即“父母有抚养、教育未成年子女的义务，成年子女有赡养、扶助父母的义务”，这是孝在现代社会的进步。

三、关于个人自由。

传统宗法制度是没有个人自由的。

从社会道德秩序而言，孔子提倡“克己复礼”，“克己复礼”的内核是一种“内省”“自省”的人生处世态度。《论语·颜渊》篇记载孔子的话说：“克己复礼为仁。一日克己复礼，天下归仁焉！为仁由己，而由人乎哉？”孔子的意思就是，要约束自己，使自己的一切行为都符合礼制的要求。这显然与现代社会的个人自由思想相冲突，现代社会提倡个人自由，即“法无禁止即自由”。

从恋爱婚姻自由方面而言，传统礼教认为“父母之命，媒妁之言”是正常的行为，否则便是有违尊长，视为不孝行为。《孟子·滕文公下》言：“丈夫生而愿为之有室，女子愿为之生而有家。父母之心，人皆有之。不待父母之命，媒妁之约，钻穴隙相窥，逾墙相从，父母国人皆贱之。”《礼记·坊记》记载：“男女无媒不交，无币不相见，恐男女之无别也。”《孔子家语·致思》亦载：“士不中间见，女嫁无媒，君子不以交礼也。”说的就是在恋爱婚姻方面，个人没有自由，必须服从家长意志。

据《战国策·齐策六》记载，齐国变乱，太子法章隐姓埋名潜入莒国太史敫家，其女儿与齐国太子法章私通，法章后来继位为齐襄王，并“以太史氏女为王后”。

太史敫知道这件事后大怒曰："女无谋（通媒）而嫁者，非吾种也，污吾世矣。"认为不经"父母之命，媒妁之言"而嫁，是可耻的行为，不孝的行为，是失人子之礼的行为，于是断绝父女关系。史载太史敫"终生不睹"，意思是一生不见齐襄王和王后（太史敫女儿）。

并且关于子女婚姻的问题，也被写如法律。如《唐律·户婚》规定："诸卑幼在外，尊长后为定婚，而卑幼自娶妻未成者，从尊长。违者，杖一百。"大意是，无论是卑幼（子孙等）在外自己成婚，或者是尊长（祖父母、父母等）定婚，主婚权皆在尊长，而卑幼则无权决定自己的婚姻。又如《唐律疏议·名例》"略和诱人等赦后故蔽匿"条疏"嫁娶有媒"，《唐律疏议·户婚》"为婚妄冒"条疏"为婚之法，必有行媒"等，"父母之命，媒妁之约"都在法律上体现了出来。《唐律》之后，至《大清律例》都有户婚规定，具体条款略有差异而已。

现代孝道基于法律框架内提倡个人自由、婚姻自由、生育自由、男女平等等观念，个人自由度增加。这也体现在《中华人民共和国宪法》《中华人民共和国婚姻法》《中华人民共和国老年人权益保障法》《中华人民共和国继承法》等相关法律法规中。

四、关于和谐共处。

和谐共处是孝的外延，即由以孝为核心的基本伦理道德构成社会伦理秩序，由血缘关系延伸到人与人、人与社会、人与自然的相处关系。

《论语·颜渊》记载樊迟问“仁”，孔子曰：“爱人。”又《论语·学而》记载孔子言：“弟子入则孝，出则弟，谨而信，泛爱众，而亲仁。”孝悌之道是为“仁”之本，由孝及仁，即由血缘关系递进到人际关系。

儒家学派的孟子，在人与人、人与社会关系方面做出了更为明白的表述，语见《孟子·梁惠王上》：“老吾老，以及人之老；幼吾幼，以及人之幼。”《礼记·礼运》亦有相同的表述：“故人不独亲其亲，不独子其子。使老有所终，壮有所用，幼有所长，鳏寡孤独废疾者，皆有所养。”

墨家学派的墨子，也提出了与儒家提倡的人与人、人与社会关系属于同一性质的“兼爱”思想，墨子认为：“若使天下兼相爱，爱人若爱其身，犹有不孝者乎？视父兄与君若其身，恶施不孝？犹有不慈者乎？视弟子与臣若其身，恶施不慈？故不孝不慈亡有。犹有盗贼乎？故视人之室若其室，谁窃？视人身若其身，谁贼？故盗贼亡有。犹有大夫之相乱家，诸侯之相攻国者乎？视人家若其家，谁乱？视人国若其国，谁攻？故大夫之相乱家，诸侯之相攻国者亡有。若使天下兼相爱，国与国不相攻，家与家不相乱，盗贼亡有，君臣父子皆能孝慈，若此则天下治。”墨子首先肯定了孝的正面价值，即孝是存在的。由家庭内部血缘关系之孝，延伸到社会上如“子孝父慈”

一般对待其他社会上非血缘之人际关系，则不孝不慈的事情就不会发生，社会盗贼无有，家庭与家庭不相互生乱，则国与国也无攻伐之事。进而“天下治”，就是天下和谐共处、和谐太平。

从实际的人际关系（人与人、人与社会）到人与自然的关系，孔子提出哲学层面的思考，《论语·卫灵公》记载孔子言：“己所不欲，勿施于人。”朱熹《论语集注》曰：“推己及物。”这是孔子的“推己及人”“推己及物”的和谐共处之道。《论语·学而》记载孔子弟子有子言：“君子务本，本立而道生。”“本”就是孝悌；由“本（孝悌）”及“仁（爱人），再及“道（自然法则）”，这个层层累进的关系非常清晰明了，所谓“本立而道生”，包含了人与人、人与社会、人与自然的关系。

《古圣贤像传略·漆园吏像（庄子）》，清代孔莲卿绘。庄子仅担任过宋国漆园吏一职，故史称漆园傲吏。

到汉代的时候，由“推明孔氏，抑黜百家”的董仲舒总其成，提出“春秋大一统”“天人感应（天人之际，合而为一）”学说。董仲舒学说，融合了儒、道及诸子百家思想——《春秋》者，孔子所主张也；道家学派《老子》言“人法地，地法天，天法道，道法自然”；庄子《齐物论》言“地与我并生，而万物与我为一，天人合一”——此即“春秋大一

统”“天人感应”之学说来源，也即天人合一、和谐共处的董仲舒式儒学思想。

毫无疑问的是，自董仲舒以后，这一思想便延续下来，成为官方主流意识形态。董仲舒的社会理想安排是一个天人合一、大一统的和谐安定社会。除却董仲舒式儒学思想为了迎合统治阶级利益（如神化专制王权）以外，这个理想社会安排不可谓不好。

按照西方伦理学的定义，伦理学一词包括风俗、习惯、性格等。言外之意，西方有西方的伦理，中国有中国的伦理。中国的伦理就是以孝为核心的孝道理念，并由此构建出中国社会的伦理秩序——天人合一、和谐共处，这也是中国社会所独有的伦理哲学表征。

是故，上述以人为本、权利平等、个人自由、和谐共处共同构建了中国现代社会的伦理秩序。其中，有些理念，不但古代孝道讲，现代孝道也讲；不但古代社会需要，现代社会也需要。这就是现代孝道对传统孝道的继承与发展，合乎时代潮流的被保存下来，不合乎时代潮流的则舍弃之。

孝道文化与城镇化

《论语·里仁》记载孔子的话说：

父母在，不远游。游必有方。

这句话在今天来说就已经不合时宜了。

从现代化进程及社会经济发展的角度看，孝道文化一定程度上受到了阻碍。其中，最大特征就是中国从农业农村到工业城镇化进程中对传统孝道文化的冲击。

1949年，中华人民共和国成立之后，中国的城镇化进程大致经历了两个阶段：

第一个阶段：20世纪50年代以来，中国所建立的城乡二元结构体制。这一体制既阻碍了资源配置和社会发展，也直接阻碍了中国城镇化进程，城镇化基本处于停滞状态。

第二阶段：20世纪80年代以来，中国开始实行的对内改革、对外开放的政策。中国城镇化进程明显加快。2000年，中国城镇化水平为36.2%，到2019年末，这一数字达到60.6%，城镇常住人口高达8.48亿人。

不能否定的是，城镇化对于推动中国经济发展、提高国家竞争力、强化科技建设等方面功不可没。就目前而言，中国的城镇化进程仍然落后于一些工业现代化强国。因此，继续推动城镇化仍是未来一段时期内的重要发展方向。

然而，城镇化引发出来的问题就是对传统家庭模式的瓦解，古代社会讲的“世代同堂，聚族而居”“父母在不分异”等传统被打破了，大规模的农村居民迁徙潮便说明了这一问题。

据国家统计局发布的《2019年农民工监测调查报告》显示，截至2019年年末，农民工总量29077万人，其中，实现本地就业的农民工有11652万人，有17425万人则是跨区域就业的。跨区域就业已经成为改革开放以来，农村居民离开故土进城或外出务工的具有时代鲜明特色的社会现象。归根结底，人口迁徙潮也是从农业农村到工业城镇化进程中的典型特征。

人口迁徙潮的背后，折射出的问题是城镇化过程中农村“空巢家庭”或者“留守家庭”日趋增多。目前，“空巢家庭”比例已经超过50%，预计到2030年，“空巢家庭”比例或将达到90%，而农村地区承载比重将成为重心。

无疑，这对中国传统家庭养老模式、孝道观念、代际关系等的冲击影响深远，以传统孝道和亲缘关系为主导的传统农耕文明，或者说中国传统文化中的重要组成部分——乡土文明在逐渐遗失，“养儿防老”等传统孝道核心被撕裂。

不难预见的是，由于城镇化进程的推进，农村家庭规模和价值观念正在发生深刻而重大的变革：

一、传统家庭养老模式和功能在逐渐弱化。“背井离乡”“聚少离多”等成为生活之常态，家庭生活幸福指数降低。

二、传统孝道观念和养老观念发生很大改变，孔子所言的“父母在，不远游”早已不复存在，代际关系问题突出。

那么，如何在孝道文化与城镇化之间找到平衡点？如何在实现城镇化的过程中保留传统文化根脉？不但是加快城镇化进程实现现代化的应有之义，也是弘扬中国传统优秀文化的应有之义。

按照中国文明命脉在传统文化，传统文化的根在孝道文化的推定，理应重构城镇化（现代化）与传统孝道文化之关系：城镇化建设应转向以人为本，降低“空巢家庭”“留守家庭”的比例，更多地实现以家庭为单位的整体流动或迁徙等。

总之，推动现代孝道文化建设，是建设城镇文明的重要纽带之一，是解决现代社会养老的首要辅助措施，是构建中华民族精神家园与提高民族凝聚力的有效机制，也是建设和谐社会的推动力之一。

一言以蔽之，一个国家的现代化不仅要有物质文明，也要有精神文明；不仅要有宽阔的马路、矗立的高楼大厦、现代化的基础设施，也要有文化和温情。

孝道文化与老龄化

奥地利著名外交家、联合国第四任秘书长库尔特·瓦尔德海姆曾盛赞过中国以孝道为核心的家庭养老模式，他说：

以中国为代表的家庭养老的亚洲方式，是全世界解决老年问题的榜样。

这样的论断，合乎中国的历史国情，也合乎一定时期内的中国养老模式。但是，随着中国城镇化进程的加快，以及出生率的降低、老龄化的加剧，传统以孝道为核心的家庭养老模式受到挑战。

出生率的降低和老龄化的加剧表明，“生儿育女”“传宗接代”“养儿防老”“养老送终”以传统孝道核心构筑的家庭养老模式失去了防护底线。

“生儿育女”“传宗接代”向来被视为传统孝道观念的核心内容之一。然而，随着时代进步、思想变革、经济发展等，“生儿育女”愿景在不断降低。数据显示，2019 年全年出生人口 1465 万人，人口出生率为

10.48‰，人口出生率降至1949年以来最低水平，也是1949年以来，人口自然增长率最低的一年。

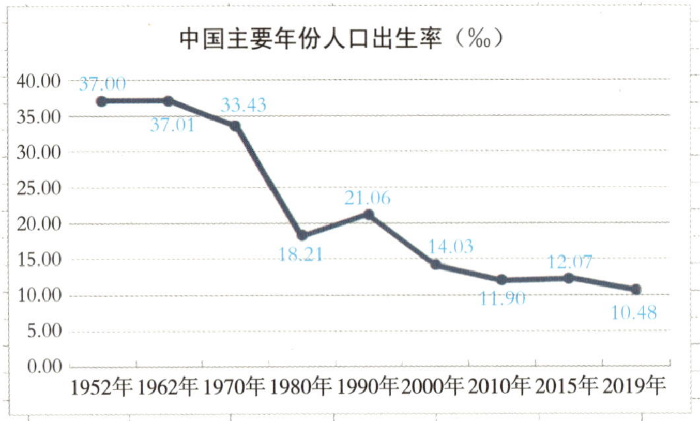

根据图中所示，1952至2019年间，中国人口出生率整体趋势下降，到2019年，人口出生率达到最低。人口出生率降低也是社会老龄化进程加快的主要因素之一。

“养儿防老”“养老送终”作为古人的孝道内核和精神信仰，随着老龄化社会的加剧而走向衰退。并且，不得不面对一个残酷的现实问题：中国老龄化现状不但进程快，增长速度也快。与其他发达国家相比，发达国家老龄化进程长达几十年至100多年，比如法国用了115年，瑞士用了85年，英国用了80年，美国用了60年，而中国只用了18年（1981至1999年）就进入了老龄化社会。

数据显示，1990至2020年世界老龄人口平均年增速为2.5%，同期中国老龄人口的增速为3.3%；世界老龄人口占总人口的比重从1995年的6.6%上升至2020年的9.3%，同期中国由6.1%上升至11.5%。目前，中国的老龄人口达1.69亿人。

依据这个3.3%的增长速度，预计到2050年，中国的老龄人口总量将超过4亿人，老龄化水平将超过30%以上。其中，由中国社会科学院农村发展研究所、中国社会科学出版社在联合发布的《中国农村发展报告2020》中指出，预计到2025年，中国城镇化率将达到65.5%，保守估计新增农村转移人口8000万人以上；农业就业人员比重将下降到20%左右；乡村60岁以上人口比例将达到25.3%，约为1.24亿人。这意味着，将有1.24亿的农村居民率先进入深度老龄化的“养老时代”，比城镇居民问题更为严重。

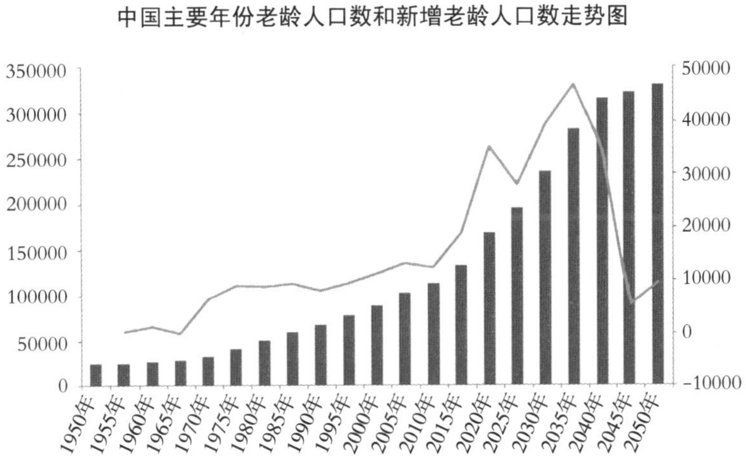

一方面，“生儿育女”的愿景不断降低；另一方面，老龄化发展速度过快。低生育率和老龄化两者叠加和作用，不但家庭养老模式承压过重，难以为继，社会养老也面临着空前的压力，社会负担和成本过高。

从社会养老方面看，社保基金支出连年增幅居高不下，却面临着养老金和医疗保险平均获得较少的双底局面，特别农村地区的养老金和医疗保险等制度还存在一定的缺口和缺陷。

面对这种状况，中国社会养老也在制度层面进行探索，并尽可能完善法律保障体系。比如新修订的《中华人民共和国老年人权益保障法》对养老方式做了调整，第五条第二款明确规定：国家建立和完善以居家为基础、社区为依托、机构为支撑的社会养老服务体系。并且纳入了“十二五”规划纲要之中，上升到国家战略层面。

中国也在进行新型养老模式的探索与实践，力争实现多元化的养老模式，以“家庭养老”和“社会保障体系”为核心，打造出“老有所养（以居家养老为基础、社区服务为依托、社会机构养老为补充的养老机制）、老有所乐（福利服务体系和老年消费产业开发等，旨在提升精神养老）、老有所为（延长退休年龄和鼓励老年人才继续参与发展贡献等，缓解老龄化社会劳动力不足的问题）”的养老格局。

但是，面对这个时代性、世界性的养老难题，依然存在着诸多欠缺。按照当前中国养老模式分类看：90%的老人通过家庭养老；7%的老人通过社区照顾实现养老；3%的老人入住养老机构集中养老。而中国家庭规模平均只有3.1人，也即3.1个人中就有一个老人，表明家庭养老的负担过重，社会养老仍需进步和完善；多元化养老模式或新型养老模式（比如社区、机构养老和互助养老等），依然存在短板，比如缺乏财力、人力支撑等。

事实上，就养老谈养老，绝非解决问题的上上之策，养老是一项长期、系统的工程。说到底，养老，不止于物质养老，还要有精神养老。即如一再引述的关于《论语·为政》所载孔子的一段言论：

子游问孝。子曰："今之孝者，是谓能养，至于犬马，皆能有养，不敬，何以别乎？"

在孔子眼里，所谓"孝养"包括物质和精神两个层面，其中，"敬"的意思就是要尊老、敬老，这是最重要的精神孝养。

在这个特定的时代大背景下，高速发展的城镇化、社会深度的老龄化之下，即便多元化养老模式或新型养老模式仍然不能解决精神孝养这一难题。

中国老龄科学研究中心的一项调查显示：在农村地区，有45.2%的老人感到不幸福；有69%的老人感到孤独和寂寞，有 35.1% 的老人经常感到孤独。根据调查显示，其中，在“空巢老人”中存在心理问题的比例高达 60%；达到疾病程度，需要医学关注、心理干预的“空巢老人”占比 10% ~ 20%。

因此，在社会制度保障层面而言，需要完善各种养老设施和制度措施，加大医疗卫生的投入力度对老龄化存在的各种医疗健康问题进行干预，社会风尚层面也需要提倡优良的民族文化——养老、尊老、敬老、爱老。而孝道观念，对老年人的精神慰藉起到了无可替代的价值。

泛言之，养老、尊老、敬老、爱老不仅是基于血缘关系、宗族家庭的孝道观念，更广泛的意义在于非血缘关系、宗族家庭之同胞一样需要“孝道”。这个“孝道”可以视为传统孝道观念的外延——

“老吾老，以及人之老；幼吾幼，以及人之幼。”（见《孟子·梁惠王上》）

“故人不独亲其亲，不独子其子。使老有所终，壮有所用，幼有所长，鳏寡孤独废疾者，皆有所养。”（见《礼记·礼运》）

这也是古人常讲的“始于事亲，终于立身，达于社会”

的基本道德行为规范与底线。唯如此——以孝为核心，建立满足老年人物质生活、精神需求等多元化的养老保障体系——方能化解和应对老龄化所带来的各种社会问题，包括实现家庭和睦、社会和谐。就这个层面而言，提倡孝道文化，普及孝道观念的价值与意义也就显得尤为重要了。

瑞典著名汉学家林西莉教授说："中国文化具有独特的人文价值，这些特点在当今世界犹自散发着独特的人文光辉。"这里的"中国文化"，当然包含着"孝道文化"。

中国的孝道文化，正以独有的人性光辉，历久弥新，发挥着其无法取代的人文价值。在面对、解决老龄化问题中，孝，是养老、尊老、敬老、爱老的桥梁；孝，是调整代际关系、促进代际和谐、缓解社会对老龄化时代的焦虑和不安的一个行之有效的黏合剂。

孝道文化的根基与未来

文化是流动的，精神也是如此。

孝道文化，曾经一度作为中国传统社会的精神基础与支柱。在今日看来，学界普遍认为，孝道文化已不再可能成为当今中国整个社会的精神基础与支柱了。

其根源在于，孝道文化和孝道观念成于传统的农耕经济模式和家族财产继承权基础之上。

传统农耕社会，经济闭环，以小农经济为主。这一经济特征决定了相关农业生产知识、经验和技能仅仅围绕着家族传承与发生；知识、经验、技能的获取，主要通过经年累月的劳动实践积淀下来；并且常常掌握在宗族或家族里的家长、老者手中，口传、亲授为主要传播道通。

寿耇者在农业社会中正是拥有知识、经验和技能的智慧象征。《礼记·王制》中有记载："周人养国老于东胶，养庶老于虞庠。凡养老，有虞氏以燕礼，夏后氏以飨礼，殷人以食礼，周人修而兼用之。五十养于乡，六十养于国，七十养于学，达于诸侯。"所谓国老是封建统治阶级的贵族，所谓庶老就是庶民中学识渊博、技能娴熟的德高望重的老者。这样的老者，到了法律规定的退休年龄之后，要把他们养老于“官学”，也就是政府开办的各级学校里，目的是把寿耇者经过长期劳动实践取得的知识、经验和技能传播出去。这一经济特征为传统孝道观念的普及奠定了基础。

近现代以来，随着社会经济发展，人们有了获得知识、经验和技能的更多途径，不再囿于传统的口传、亲授。普遍意义上讲，老人在整个家庭和社会之中不再占据主导地位。

传统农耕社会，生产单位以传统家庭模式为主。以家庭为中心，家庭成员分工明确，且家庭成员必须服从家长分工，保证了老人在赡养中占据了一定的优势与资源。比如古代“男主外女主内”的分工模式，决定了女性有更多精力和时间孝养老人。

近现代以来，由于分工、劳动力分配自由度提高，使得传统家庭模式瓦解。之如上海社会科学院家庭研究中心所编撰的《中国家庭研究》中所指出的那样：

在近代中国城市向着工业化、现代化变迁的过程中，家庭作为传统农业社会中的一个基本生产单位的根据已经消失。从家庭的角度看，既不需要子承父业，家庭成员也不需要服从家庭生产分工、而囿于传统的家庭模式之中，相反的，是要配合和适应社会整体需求去选择自己的职业和生活。从社会的角度看，现代工业社会需要自由劳动力，社会中的大多数成员都将根据社会需求走出家庭，到不同企业、不同地区去就业、去生活。这是一种促使传统家庭模式解体，由联合家庭、主干家庭向核心家庭转变的不可阻挡的力量。

传统家庭模式的瓦解，一定程度上消解了孝道观念在现代社会的价值和作用。

传统农耕社会，宗法制度以宗族权力、家长权力为宗。宗法制度的核心便是与封建社会土地、财产等所有制分配和继承相关联的，由此造成家族制度的长盛不衰。封建社会，宗族主要以家族方式体现，家族长盛不衰的体现依据主要有祠堂、家谱、族权等。其中，祠堂便是祭祀祖先的地方，对祖先的崇拜，既是宗法制度的核心内容，也是中国传统文化心理的一个重要特征。诚如著名古文字学家、考古学家陈梦家先生在《殷虚卜辞综述·宗教》中所言："（殷代）祖先的崇拜隆重，祖先崇拜与天神崇拜的逐渐接近、混合，为殷以后的中国宗教树立了规范，即祖先崇拜压倒了天神崇拜。殷以后的祖先崇拜（特别是表现于丧服的），是与封建的土地财产所有制分配和继承相关联的。"

宗法制度的另一鲜明特征，即"家国同构"——家庭或家族与国家在组织结构方面具有共同性。也就是说，不论国家或家族、家庭，它们的组织系统和权力结构都是严格的父权家长制，在家庭或家族内，家长地位最尊，权力最大。于是，孝成为中国的道德本位和伦理本位；孝是对宗族权力、家长权力的必须绝对顺从和服从。这也是传统孝道文化长盛不衰、一直占据主导地位的重要因素。

近现代以来，由于西学东渐，一些西方社会的现代法律体系在中国社会开始构建。于是，一方面以人为本、权利平等、个人自由等思潮兴起，另一方面宗族权力、家长权力等式微，打破了传统宗法制度的根基，中国传统孝道文化也一度经历了兜兜转转的命运起伏。

总之，传统小农经济（经济结构模式）、传统家庭模式（劳动分工模式）、传统宗法制度（社会制度模式）三大社会结构特征不同程度上都受到了深度冲击，从根本上动摇了传统孝道赖以生存的土壤和根基，这也是传统孝道文化和观念，在当代中国社会不再可能成为整个社会的精神基础和支柱的主要原因。

但是，文化、精神的传承和发展非能完全切割，孝道文化亦是如此。

因此，孝道文化在当代中国社会仍然具有一定程度上的价值和意义：

一、以血缘关系为本的孝道及其外延的社会价值，有助于社会养老问题的解决。

二、以孝道为本的文化，有助于乡土文化的重建与民间自治，进而推动和谐社会的建设。

三、以孝道为本的观念，有助于代际关系的和谐，有助于推动民间社会基本道德秩序的自律性，有助于打造更讲诚信的中国社会体系。

四、以孝道为本的精神，有助于重构中华民族的精神图谱，提高中华民族的凝聚力。

每一个个体都会有从出生走向衰老，直至死亡的一天，每一个个体在一生中总会为社会发展、人类进步贡献个体的力量或生命，因此，养老、尊老、敬老、爱老也就成为一个社会文明生态的最高体现。从这个角度而言，中国传统孝道文化也就有了现实的价值和意义。